高等院校公选课系列教材

总主编 罗胜京

中外名建筑赏析
ARCHITECTURE

朱雪梅　张家睿　编著

重庆大学出版社

图书在版编目（CIP）数据

中外名建筑赏析 / 朱雪梅，张家睿编著. --重庆：
重庆大学出版社，2013.8（2023.8重印）
高等院校公选课系列教材
ISBN 978-7-5624-7312-1

Ⅰ.①中… Ⅱ.①朱…②张… Ⅲ.①建筑艺术－世
界－高等学校－教材 Ⅳ.①TU-861

中国版本图书馆CIP数据核字（2013）第073969号

高等院校公选课系列教材
中外名建筑赏析
朱雪梅 张家睿 编著
策划编辑:张菱芷 蹇 佳
责任编辑:席远航 版式设计:三间田＋周 曦 胡 越
责任校对:谢 芳 责任印制:赵 晟

*

重庆大学出版社出版发行
出版人:陈晓阳
社址:重庆市沙坪坝区大学城西路21号
邮编:401331
电话:（023）88617190 88617185（中小学）
传真:（023）88617186 88617166
网址:http://www.cqup.com.cn
邮箱:fxk@cqup.com.cn（营销中心）
全国新华书店经销
重庆五洲海斯特印务有限公司印刷

*

开本:787mm×1092mm 1/16 印张:8 字数:183千
2013年8月第1版 2023年8月第7次印刷
印数:15 001—16 000
ISBN 978-7-5624-7312-1 定价:40.00元

总 序 >>>

  追溯高等教育发展的历史，人们不难发现，无论时代如何变化，科学如何发展，知识如何更新，培养什么样的人，如何培养人，始终是高等教育发展研究的主题。进入 21 世纪，社会竞争日益激烈，对大学生的要求也越来越高，当代大学生必须注重素质教育，注重全面发展，才能适应社会的需求。

  为了在高等教育中践行全面发展的教育理念，我们组织了全国高校有丰富教学经验的专家学者，精心策划，共同编写了这套高等院校公选课系列教材，其宗旨是以人的全面发展为目标，以提高学生综合素质为重点，为高等学校学生提供集科学性、知识性和趣味性于一体的系列教材，为培养社会所需要的复合型人才尽我们的绵薄之力。

  众所周知，公选课不是专门知识的简单堆砌与灌输，而是学科知识的融会贯通与思维方式的开放式转换，不是冰冷逻辑的推演与永无休止的解题，而是人类智慧历史轨迹的描述和人文精神的启迪。有人说，一流的大学一定要有一流的公选课，一流的公选课要为学生的成长搭建跨学科平台。作为编著者的我们深以为然。

  因此，该公选课系列丛书以提高学生的创新能力、思辨能力和鉴赏能力为主，体系结构新颖，难度适宜，实用性强，主要涵盖了艺术设计、文学修养、时尚文化、科学技术和技艺实践五大类。其特点：一是立意新颖，大部分教材内容都选取了各学科最新成果和信息，以适应学生把握新文化和知识的需求；二是尊重个性差异，鼓励学生个性发展，激发兴趣，发挥主动的精神，从而达到挖掘学生的个性潜能；三是知识覆盖面广，以更开放和宏观的视角来介绍各学科知识，适应学生知识拓展的需求；四是内容朴实，语言精炼，篇幅适中，选图精美，便于学生理解和接受，可操作性强。整套教材以学科综合知识为基础，在普及专业知识的同时，促进学生审美和鉴赏能力等综合素养的进一步提高。

  在本系列丛书出版之际，是为序。

广东工业大学 硕士生导师　罗胜京

2013 年 1 月

前　言　››

　　在人类社会的发展过程中，人们积累了无数的建筑经验，在实践中不断提高建筑技术和艺术含量，创造了美轮美奂的建筑艺术精品。这些成功的建筑艺术作品，倾注了无数人的辛勤劳动，记录了建筑师们的精雕细琢，历经沧桑却依然散发着无穷魅力。它们不仅是一种物质产品，同时也是一种精神产品，更是物质与精神统一的精华。建筑创作不仅在于悦目，更在于赏心，因为它所创造的某种情绪氛围，富有独特魅力和感染力，可以陶冶和震撼人们的心灵。因此，建筑师在追求美与和谐的过程中，其作品也成为人类精神文明的象征。

　　建筑从最初简陋的遮风避雨之用，发展到后来满足人们居住、行政、军事和宗教等多种用途，目前建筑几乎涵盖了人类生活、生产和消费的所有功能，并且每一种类别都有各种精美的代表性建筑，甚至代表了一个城市的文化、艺术和科技的成就。可以说，建筑是一本砖石叠成的史书，是一门深邃的艺术，同时也是每个时代先进科技的代表。

　　然而，随着全球经济一体化，国际交流的频繁，现在的建筑多缺乏地方特色，要么趋同，要么怪异，如何欣赏、设计建筑已成为普通大众关心的问题和热点。那么，我们应该如何去了解、欣赏和客观地看待这些人类文明的结晶呢？世界上不同地区的建筑又有哪些特点？它们又有哪些令人回味的故事呢？本书尝试在建筑的文化、艺术和技术间寻找一个新的交叉点，以基准类似的客体与主体进行比较，从而探讨主体建筑的价值与重要性，进而延伸至其所在的独特时代与城市文脉，带您走进一个酣畅淋漓的建筑世界，品文化之妙，赏艺术之美，鉴技术之巧，架起一座沟通文化、艺术与技术的桥梁。

　　欣赏建筑应从建筑的平立面形式、室内空间，以及空间形式对周边环境的适应性入手。建筑的基本目的是提供人们所需要的生活、生产空间，这就需要我们了解和研究社会生活，掌握它的社会科学性质，也要求我们在不同的社会文化和哲学背景下去理解它。尤其是那些堪称经典之作的建筑，每一座就像一本生动鲜活的历史教科书，蕴藏着各国各地值得回味的历史典故和文化故事。

　　世界著名建筑大师贝聿铭曾经说："建筑是一门艺术。"建筑作为一门实用性强、内涵丰富的综合性艺术，是艺术和技术的综合体现，是由特有空间形态构成的艺术品。建筑的缔造是建筑师化主观为客观、化生活美为艺术美的创造过程，因而使用者和欣赏者对于建筑的认识也是一个美的再创造过程。我们欣赏一座建筑不仅仅是折服于一些令人惊叹的建筑绘画和雕刻，更要深入体会其内部的空间美，及其与周围空间的关系等。

建筑需用工程技术手段，因而又具有工程学科性质。随着人类科技的进步，各种新的材料和工程技术不断更新，新的建筑形式随着建筑材料、工艺和技术手法的更新而变化，这又要求我们了解更多的工程科学和技术知识。

建筑既有地域属性，又有时间属性，并随时间推移不断发展变化。本书以时间为主要线索，赏析不同地区的建筑精品。第 1 章从古埃及、古希腊及古罗马等建筑入手，带领读者从人类四大文明发源地尼罗河流域开始，逐一了解古代大型纪念性建筑物的基本形制、艺术形式、基本观念以及它们的结构和施工技术；第 2 章以早期的亚洲建筑为主，继续探寻人类四大文明的历史记忆；第 3 章从那些昔日辉煌的教堂建筑讲起，为我们呈现了丰富的欧洲中世纪历史；第 4 章的近代建筑将带我们领略从文艺复兴到资产阶级革命期间风格独特的欧美建筑；第 5 章我们将探索至今仍然影响深刻的新建筑运动以及其后的现代主义；第 6 章的内容将涉及建筑发展的未来，去探讨现代主义之后世界建筑的潮流与发展。

本书从通俗易懂的角度出发，以平实的语言和丰富的图片，兼顾不同专业学生的特点，将建筑技术的基本知识、建筑的艺术特征和基本规律，通过将古今中外不同领域和时期有代表性的优秀作品呈现出来；突出建筑赏析的系统性、知识性和趣味性，以期为广大建筑爱好者提供更多的参考和帮助。

本书在编写过程中，参阅了大量的书籍和资料，虽然本书篇末列出了参考书目，但在此我们仍要对相关的作者表示感谢，没有这些参与者的辛勤付出，这本书难以完成。感谢参与本书工作的朱一丹、李杰、朱璟璐、周心怡等几位学生，正是由于他们几个人对资料整理、照片修调、插图绘制这些工作细节的一丝不苟，才有本书形式的完美呈现。还要感谢那些拍出精美图片的摄影师们，特别是丁一平女士的大力支持，由于各种原因，部分图片的出处在书中未能一一注明，在这里我们深表歉意！

由于作者水平有限，书中缺点和错误在所难免，恳请专家、同行和读者批评指正。

编　者
2013 年 1 月

ZHONGWAIMING

JIANZHUSHANGXI

目 录 〉〉〉

第4章　近代建筑

第5章　现代主义建筑

第6章　后现代主义：艺术还是技术

在人类文明的发展过程中，古埃及、古希腊及古罗马在建筑方面的成就十分辉煌。金字塔、庙宇和方尖碑等的建造，充分显示了古埃及劳动人民的聪明才智、精湛的艺术技巧和高超的建筑才能，在世界建筑史上留下了光辉的一页。而古希腊建筑则通过它自身的尺度感、体量感、材质感、造型色彩以及建筑的绘画雕刻装饰给人以强烈的视觉震撼，其强大的艺术生命力经久不衰，持续影响欧洲建筑风格达两千年之久。

古罗马的建筑艺术是对古希腊建筑艺术的继承和发展。古罗马建筑不仅借助更为先进的技术手段，而且也将古希腊建筑艺术和谐、完美、崇高的风格特点在新的社会、文化背景下从"神殿"转入世俗，赋予这种风格以崭新的美学趣味和相应的形式特点。

第 *1* 章
古埃及、古希腊及古罗马建筑

GU'AIJI GUXILA JI GULUOMA JIANZHU

1.1
古埃及建筑

古埃及建筑是指古埃及时期在尼罗河一带所发展起来的具有文化影响力且组织结构多元化的建筑风格。古埃及建筑在艺术象征、空间设置和功能安排等方面，有着深刻的文化印迹和浓厚的宗教内涵，反映了古埃及独特的人文传统和精神理念。

1.1.1 金字塔

埃及古王国时期最主要的艺术成就体现在宏伟巨大的皇陵建筑上，当中最典型的要数古埃及法老的陵墓——金字塔。

胡夫金字塔位于埃及首都开罗近郊的吉萨高地，建于埃及第四王朝的次任法老胡夫（Khufu）统治时期（约公元前2670年），是埃及现存规模最大的金字塔，被喻为"世界古代七大奇迹"之一（图1-1）。

金字塔的外形雄浑庄重、庄严朴素，与四周辽阔的沙漠、高地浑然一体。但其内部构造匠心独运、复杂多变又自成体系，凝聚着古埃及人高超的智慧，也体现了古埃及人根深蒂固的"来世观念"。金字塔历经沧桑数千载，不形变、不塌陷，无不彰显着古埃及非凡的科技水平与精湛的建筑技术（图1-2）。

胡夫金字塔是古埃及金字塔的登顶之作，主体用花岗石堆砌而成。塔的4个斜面正对东、南、西、北四方，大金字塔原高146米（经过数千年的风雨侵蚀，现高137米），塔底面呈正方形，原塔基每边长230米（现长227米），占地约5.3万平方米。在世界历史的长河中，其作为最高建筑物的历史长达4500年之久，一直到19世纪法国巴黎的埃菲尔铁塔的出现才改变这种现状。据估计，建成的胡夫金字塔的塔身共用大小不一的230万块石料，平均每块重约2.5吨，最大一块重达16吨。如此浩大的工程却结构精细，拼装紧密，无黏合剂，至今石缝里仍无孔能入，其建造涉及天文学、测量学、物理学、数学和力学等诸多领域。

埃及金字塔作为迄今为止最大的建筑群之一，是古埃及文明最具代表性和影响力的象征之一，无论从技术上还是艺术上，金字塔都是人类建筑史上的伟大奇迹。它

图1-1　狮身人面像的吉萨金字塔和金字塔城

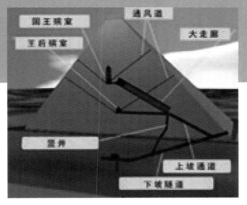

左：图1-2　金字塔内部示意图
右：图1-3　胡夫金字塔

向世人展示了技术的复杂之美和艺术的简单之美（图1-3）。

如今，世界古代七大奇迹中只有金字塔经受住了千年岁月的考验留存下来，难怪埃及有句谚语说："人类惧怕时间，而时间惧怕金字塔。" 联合国教科文组织因此把它列为全世界重点保护文物之一，成为古埃及文明的象征。

1.1.2 太阳神庙

随着奴隶制社会的发展和氏族公社的进一步解体，到新生王国时期（公元前16—前11世纪），皇帝崇拜彻底摆脱了自然神崇拜，从"伟大的神圣"变成了"统治着的太阳"，祭司们的势力迅速强大起来。从此，太阳神庙开始代替与原始拜物教联系的陵墓成为皇帝崇拜的纪念性建筑物。

在这一时期，全埃及崇拜的主神是太阳神阿蒙，因此埃及大多数神庙都是为供奉阿蒙神而建造的。这类神庙规模宏大，但其外形和建筑设计几乎固定不变。神庙总体呈长方形，围墙环以四周，大多为南北走向，所有的建筑物都沿着中轴线分布，此中轴线上依次排列着神庙的四大组成部分：塔门、露天庭院、列柱大厅和神殿。

以著名的卡纳克神庙为例（图1-4），神庙是在很长时间里跨越几个世纪陆续建造起来的，建于公元前21世纪到公元前4世纪，是所有太阳神庙中规模最大的，其占地约达4万平方米，沿轴线布局依次排列高大的牌楼门、柱廊院、多柱厅等神殿，密室和僧侣用房。牌楼门及其门前的神道和广场，作为群众性宗教仪式处，力求富丽堂皇而隆重以适应宗教仪式。

图1-4　1914年拍摄的卡纳克神庙

殿内石柱林立，仅以中部与两旁屋面高落差形成的高侧窗采光，因此殿内光线阴暗，形成了"王权神化"的神秘压抑的气氛，适应祭祀仪典的神秘性。

方尖碑一般成对树立在神庙的入口处，用整块花岗石制成，其断面为正方形，上小下大，顶部为金字塔形且高度不等（已知最高为50余米），一般修长比为10：1左右，碑身印刻的象形文字图案诉说着一个遥远而辉煌的过去。

卡纳克和卢克索神庙，除了大门之外，建筑艺术已经全部从外部形象转到了内部空间，从金字塔和崖壁的阔大雄伟的纪念性转到了庙宇的神秘和压抑——精神在物质的重量下感到压抑，而这些压抑之感正是崇拜的起始点（图1-5至图1-8）。

神庙像读不完的史书。卡纳克神庙和卢克索神庙是古埃及神庙建筑的典范，是古埃及在建筑方面的最后杰出成就，它同金字塔一样，也是古埃及文明高度发展的见证。

上：图1-5（左） 殿堂柱顶和天花板上的壁画
　　图1-6（右） 神庙残墙上的石雕壁画
中：图1-7 卡纳克神庙石柱 Blalonde（美国）
下：图1-8 巨大的石雕公羊阵列

古希腊建筑

古希腊是欧洲文化的发源地，古希腊建筑开欧洲建筑之先河。在建筑方面，古希腊留给后人的重要"遗产"有两个：一是希腊建筑所包含的形象模型，这些模型包括一系列装饰物术语、雕塑以及风格；二是"以人为本"，如果说建筑的形式是让人被动地接受，那么关于建筑的本质则通过对人性的关怀让人们意会于心，这些"遗产"对后来的文艺复兴都具有深刻的影响。

1.2.1 克诺索斯米诺斯王宫

位于克里特岛的克诺索斯米诺斯王宫建于公元前约 2000 年，占地 1.5 万平方米左右，是爱琴世界当时最强大的米诺王宫殿。克诺索斯遗址在 1900 年被英国考古学家伊文斯发掘（图 1-9）。

克诺索斯宫殿平面布局复杂，中心是一个长方形院子，长 60 米，宽 29 米，此外还有许多采光通风的小天井，一般每个小天井周围的房间自成一组。由于丘阜落差大，各组房子顺地势错落，成一层至四层不等，内部遍设楼梯和台阶。底层大约有 100 多间房间，二层正中是大厅，它前面内部空间序列按轴线布局，正对宫殿大门。克诺索斯宫殿大院子的西侧是仪典性部分，大院东侧多为生活用房，可见当时已对沿轴线的纵深布局可产生特殊艺术意义的这一建筑方法得以广泛应用，在西南方的坡下是宫殿的大门，有曲折的柱廊登山，通向宫殿。

宫殿内部空间并不大，每个宫室规模较小，但尺度亲切，风格平易，形式轻巧，变化突兀。宫殿内部装饰丰富，以红、蓝、黄三色粉刷，一些重要房间还有大幅壁画，题材多样，有海豚和妇女等，风格则趋于装饰化。除此之外，还有植物花叶为主要题材的框边纹样。

宫殿广泛使用小巧的木质圆柱，最大特点是上粗下细，仿佛不是自上而下的支承构件，而是屋顶向下伸出的腿，犹如家具。圆柱上端有圆盘，圆盘上顶块方

图 1-9　克诺索斯米诺斯王宫

图1-10 克诺索斯宫殿的圆柱　　　　　　　　图1-11 克诺索斯北楼

形石板，之下是一圈凹圆刻着花瓣的线脚，柱础是很薄的圆形石板，有些柱子的柱身有凹槽或者凸棱（图1-10、图1-11）。

宫殿大门的平面为横向工字形，在中央的横墙上开门洞，大的重要的在前面设一对柱子，夹在两侧墙头之间。这种大门形制是爱琴文化地区各地通用的，后来被古希腊建筑吸收。

宫殿所用的建筑技术既有爱琴海文化地区的特点，又与亚述和叙利亚的相似，墙体下部用乱石砌成，上面则用土坯加木骨架材料，墙面抹泥或石灰，露出涂成深红色的木骨架，显得房屋轻快简明。在此后的建筑，木骨架作为单纯的装饰品仍被保留，用来划定门窗和壁画的位置。

米诺斯王宫是克里特文明的代表，这里是米诺斯王朝政治、宗教、文化和经济中心。宏伟而奇特的克诺索斯宫，几千年来虽经过屡次破坏和重修，但其内部空间仍奥妙非凡，犹如一座迷宫，被世人认为是米诺斯灿烂文化的代表之作。

1.2.2 迈锡尼卫城狮子门

雅典西南不远处的伯罗奔尼撒半岛上，还有一个曾经辉煌的古老文明，它的中心就在迈锡尼城。在荷马史诗中，迈锡尼城是一座"黄金遍地""建筑巍峨""通衢纵横"的名城。

迈锡尼卫城建于雅典西南伯罗奔尼撒半岛群山环绕的高岗上，是迈锡尼建筑中最具代表的作品之一，是当时城邦的中心，且具有城堡的作用，后来成为了希腊古典时期卫城建筑的先导，现在仅留下了这座建于公元前1350—前1300年的狮子门。

狮子门由独立的两根石柱建成，门宽3.5米，高3.5米，可供骑兵和战车通过，石柱上端是块厚90厘米，重达20吨的巨石，门楣上有一个三角形的叠涩券，分散了过梁的部分承重，这也是世界上最早的券式结构遗迹之一。叠涩券还有一块三角形石板浮雕，上面精细传神地雕刻着两头对称的狮子，狮子象征武力，也是城市的守卫者。

狮子门的灵魂就在这个三角形巨石上。巨石的正面是一组浮雕，浮雕上两只对称的狮子一左一右前足踏立在祭坛上，中间立着一根颇似后来的多立克式样的柱子，狮子的头部和柱子的顶端已被破坏。这一对雄狮，狮的前爪搭在祭台上，形成双狮拱卫之状，威风凛凛地向下俯视着进入城门的人。门口的阶梯也用整块的岩石铺成，上面还残留有战车的轮辙。虽然迈锡尼城堡已成废墟，但这个庄严肃穆的城门，历经 3000 年的风吹雨打依然巍然屹立，威风不减当年（图 1-12）。

另一方面，门的实用价值离不开墙的构造。狮子门的两侧都是坚固的石墙，左侧专门延伸出的突出部分与右侧的城墙相平行，在城的入口处形成了一片狭小的空间。两根稳健的石柱承载着同样笨重而略成弓形的石制横梁，横梁上面是巨石砌成的拱门，当中恰好嵌入一块三角形巨石，底部的凹弧使其在迈锡尼城门上稳稳当当地立了 30 多个世纪。

历经 3000 多年的风霜，如今的迈锡尼城只剩下残垣断壁，稳固的狮子门同样残缺不全，但仍掩藏不住当年工匠们的精巧设计，令人叹为观止。

1.2.3 雅典卫城

公元前 480 年，为纪念在希波战争中雅典取得的伟大胜利，雅典城开展了蓬勃的城市重建活动，雅典卫城就是这一时期的建筑杰作。雅典卫城建在雅典城中央的山冈上，海拔 152 米，但其东南北三面均为悬崖峭壁，地形险峻异常，占地约 4000 平方米（图 1-13）。

雅典卫城建筑高低错落，布局自由但又主次分明。建筑师依靠地势上的落差，把一个个本身结构完美对称的建筑物，在空间上以不对称、不规则的方式进行排列，使建筑的每个部分都直接裸露，这在西方建筑史中被誉为建筑群体组合艺术中的成功案例。

雅典卫城主要由供奉雅典娜（Athena）女神的帕提农神庙、供奉海神波塞冬的厄瑞克忒翁神

左：图 1-12　狮子门
右：图 1-13　雅典卫城复原图

庙和供奉胜利女神的胜利女神庙构成。而屹立卫城最高的帕提农神庙则是雅典卫城建筑群中最具代表性的建筑。帕提农神庙建于公元前448—前437年，是希腊祭祀诸神之庙，以祭祀雅典娜为主，又称"雅典娜神庙"。神庙四面是由雄伟挺拔的多利克式列柱组成的围廊，神庙打破了以往使用6根圆柱的惯例，用了8根石柱，以振国家的雄风，两侧各为17根柱，每柱高10米，柱底直径宽2米，由11块鼓形大理石垒成，柱子比例匀称，刚劲雄健，又隐现妩媚与秀丽。神庙的柱子直径由2米向上递减至1.3米，中部微微鼓出，柔韧有力而无僵滞之感。所有列柱并不是绝对垂直，都向中心微微倾斜，使建筑感觉更加稳定。神庙的檐部较薄，柱间净空较宽，柱头简洁有力，简练明快。围廊内上部一圈刻着祭祀庆典行列，屋顶是两坡顶，顶部的东西两端形成三角形的山墙，上面有精美的浮雕，这种格式成为古典建筑风格的基本形式。内部由一个约呈方形的内殿和一个爱奥尼亚式门厅组成，庙里装点着极为精致的雕塑品，宽约46厘米的中楣饰带，围绕在建筑物外部，神庙东面的浮雕是一个执盾的雅典娜神像。神庙有着严格的比例关系，尺度合理，比例匀称，其不仅在整体上和谐统一，细节上也完美精致（图1-14、图1-15）。

　　雅典人以惊人的细致和敏锐对待这座神庙，气势恢弘的帕提农神庙屹立在雅典卫城的制高点上，从雅典的各个方向都能看到它那宏伟庄严的形象。它是世界建筑史上最优秀的作品之一，被世人公推为"不可企及的典范"。

上：图1-14　帕提农神庙的西面
下：图1-15　帕提农神庙装饰性浮雕《向雅典娜献新衣》

1.3
古罗马建筑

古罗马建筑是古罗马人沿亚平宁半岛（Penisola italiana）上伊特鲁里亚人的建筑技术，继承古希腊建筑成就，在建筑形制、技术和艺术方面广泛创新的一种建筑风格。古罗马建筑在公元 1 世纪至 3 世纪为鼎盛时期，达到西方古代建筑的高峰，在新的社会、文化背景下，从"神殿"转入世俗，讲求规例、匀称、均衡及经济的原则。古罗马建筑仍有着古希腊建筑的和谐、完美、崇高的风格内容，但是经济适宜的原则，又将古希腊建筑风格的"神"意，转变为了世俗的人意。这一点，可以直接地从建筑类型、建筑外观的设计方面看出。

1.3.1 万神庙

坐落在意大利首都罗马圆形广场北部的万神庙，建于哈德良（Adrian）执政时期。早在公元前 27 年，罗马的执政官阿格里巴主持建造过一座万神庙，为纪念奥古斯都①打败安东尼和克娄帕特拉而献给所有的神。那座设计为传统长方形的万神庙在公元 80 年被焚毁。帝国时期热爱建筑设计的哈德良皇帝将其重建，采用了穹顶覆盖的集中式形制。新万神庙是单一空间、集中式构建的建筑物代表，它也是罗马穹顶技术的最高代表。

万神庙的主体建筑简单庄严、宏伟富丽、结构简练，直径为 43.3 米的大穹顶覆盖在圆形的主体建筑顶上，而支承穹顶的墙垣高度也大体等于穹顶半径，这样简单明确的几何关系使万神庙单一的空间显得完整统一。庙内采光全靠穹顶正中的一个直径约为 9 米的圆形天井，光线从上倾泻下来，随着时间变幻，使万神庙内显示出不同的光影景象，有种天人合一之感。科林斯柱廊的使用，把圆形主殿烘托得更为庄严和神秘（图 1-16、图 1-17）。

图 1-16　罗马万神殿

---

① 原名盖·屋大维·图里努斯（Gaius Octavius Thurinus），是罗马帝国的开国君主，统治罗马长达 43 年。在他去世后，罗马元老院决定将他列入"神"的行列，并且将 8 月称为"奥古斯都"月，这也是欧洲语言中 8 月的来源。

在古罗马早期的时候，庙宇艺术的表现力大都在外部，而从万神庙开始则以内部空间的艺术表现为主。就万神庙本身而论，其外部造型的重要性已明显被内部结构超越，因此柱廊部分成为了外部造型的亮点。万神庙的墙基、墙和穹顶都用火山灰水泥制成的混凝土浇筑，穹顶的材料有混凝土和砖。为了减轻穹顶重量越往上越薄，混凝土用浮石做骨料，墙厚约 6 米。墙体内沿圆周有 8 个大券，其中 7 个是壁龛，一个是大门，龛和大门也减轻了墙基的负担。

可以说万神庙为建筑结构带来了一种变革。万神庙成功的必要因素之一是拱券技术的完善，但也正是因为万神庙的建造，才使拱券技术发展到一个前所未有的高度，两者可谓相辅相成（图1-18）。

万神庙恢弘的气势，复杂而严谨的建筑结构和完备的功能代表了古罗马对于神庙建筑探索的最高成就。至今，万神庙作为意大利一个重要教堂，定期举行弥撒以及婚礼庆典，不仅是世界各国游客们竞相参观的圣地，也是世界建筑史上重要的里程碑。

1.3.2 凯旋门

罗马人崇尚武力，在举行凯旋仪式时，罗马人会在主要通道搭门以示庆祝，凯旋门由此而生。凯旋门多建在城市广场或主要街道上，统治者以此来炫耀自己的功绩，象征罗马帝国的威严和权力，其作为古罗马一种独特建筑风格彰显了帝国的富足与强盛。

凯旋门根据券的多寡主要分为单券式和三券式两种。罗马现存最古老的凯旋门（建于公元 81 年）——提图斯凯旋门，可以说是单券式凯旋门的代表之作，提图斯是帝国时期弗拉维王朝第二代皇帝，凯旋门是为了纪念他即位前镇压犹太人的胜利而建。作为早期凯旋门其形制较简单，立面大体为长方形，高约 14 米，宽约 13 米，深 6 米，有厚实的拱间壁和高昂的顶阁，装饰有混合柱式壁柱。这座凯旋门正面的台基与女儿墙都较高，整体匀称严整，简练壮美，是最具古典精神

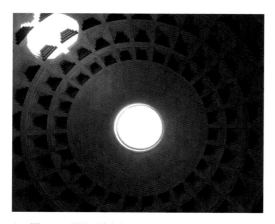
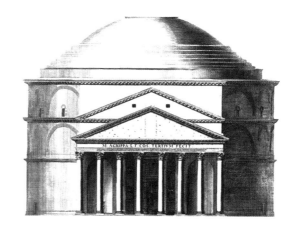

左：图1-17　罗马万神庙穹顶
右：图1-18　罗马万神殿立面　丁一平摄

的凯旋门之一。建筑物用混凝土浇筑，外部大理石贴面，檐壁上雕刻着凯旋时向神灵献祭的行列，拱门内壁两侧的浮雕构图严谨层次分明，提图斯凯旋门是单个拱券结构精雕细刻而成的建筑艺术品（图1-19）。

三券式凯旋门有三个券形拱门，中央一间通常券洞高大宽阔，两侧开间比较小，券洞矮，上面刻有浮雕。女儿墙头有象征胜利和光荣的青铜铸造的马车，门洞里两侧墙上刻主题性浮雕，其中罗马城里的赛维鲁斯凯旋门和君士坦丁堡凯旋门最具代表性，它们形体高大，比例优美，装饰富丽华美，进深厚，前者高约21米、宽约23米，后者高约20米、宽约25米。它们的形式在后期欧洲建筑上被屡次模仿，对罗马建筑及西方建筑都有巨大影响（图1-20）。

一座座凯旋门就如同无声的史书，见证着历史人物的命运沉浮和昔日帝国的历史兴衰（孙军华，2010）。可以说凯旋门既反映了罗马人的骁勇善战和武力崇尚，也展现了罗马建筑技艺的高超。如今，这些用来鼓舞斗志的凯旋门也变成了历史与艺术的载体，成为全世界瞩目的艺术瑰宝。

1.3.3 角斗场

罗马角斗场位于意大利首都罗马市中心，是弗拉维王朝韦帕芗（Vespasian）皇帝为庆祝罗马帝国征服耶路撒冷的胜利，于公元72年强迫8万名犹太俘虏修建8年而成。它专为奴隶主和市民们看角斗士与猛兽搏斗、厮杀而造，所以也称为斗兽场。

罗马角斗场是全世界现存最古老、最宏伟的斗兽场，文艺复兴时期许多石块被挖去建造宫殿和教堂，此后经多次修整才使这座古老而雄伟的建筑得以保留至今（图1-21）。

左：图1-19 提图斯凯旋门 丁一平摄
右：图1-20 君士坦丁堡凯旋门 作者摄

上：图 1-21　黄昏下的罗马角斗场
下：图 1-22　角斗场内部　丁一平摄

罗马角斗场整体雄伟壮阔，堪称建筑史上的典范杰作和奇迹，虽只剩下大半个骨架，但其磅礴气势犹存。大角斗场有四层，高 48.5 米，整体平面呈椭圆形，下面三层为 80 间券柱式结构，第四层是实墙。从外观看，整个建筑高大宏伟，给人以完整硕大的感受；券柱明暗分明，虚实对比丰富，长圆形柱身让光影富有变化，更加强了它的整体感，展现了几何形体的简单美。每一个开间大约 7 米，而柱子间净空在 6 个底径左右，券洞宽阔明亮。在券洞的衬托下，二、三层的每个券洞口的白色大理石立像，轮廓分明且神态生动（图 1-22）。

宏伟的角斗场在结构、功能和形式上和谐统一，展示了高超的艺术和技术成就。古罗马人曾经说"只要角斗场在，罗马就在"，它是无可替代的。

1.3.4 巴西利卡

巴西利卡（Basilica）[①]是古罗马的一种公共建筑形式，其特点是平面呈长方形，外侧有一圈柱廊，主入口在长边，短边有耳室，采用条形拱券作屋顶。后来的教堂建筑即源于巴西利卡，但是主入口改在了短边。

最初基督徒在家里做礼拜，自从基督教被定为罗马帝国的国教后巴西利卡也成为教堂的主要建筑形式。早期的基督教堂几乎全部是参照巴西利卡的建筑形式而建，原来放有法官或者皇帝宝座的半圆形龛成为供奉圣坛的位置，而巴西利卡的结构则被保留，大厅被立柱分为三个部分，中

① 巴西利卡这个词来源于希腊语，原意是"王者之厅"的意思，拉丁语的全名是 Basilica Domus，原指大都市里作为法庭或者大商场的豪华建筑。

间的中厅最宽也最高，其终端是供奉圣坛的半圆形神龛，两侧的侧廊则比较低和窄。

通过垂直于原巴西利卡的长轴添置一个横廊，就演变成十字巴西利卡了（图1-23）。这种巴西利卡的地基是一个十字形，其横廊高度和宽度与中厅一样。一开始这个建造方法可能不是出于其地基形状产生的，而是为进行神事活动时使圣坛附近有更多的活动空间。从美观角度来说这个横廊加阔了圣坛空间，增强了神圣感。

中厅与横廊交叉的房顶有两个互相交叉的巨大拱弧支持，这两个拱弧叫做凯旋门，代表耶稣战胜死亡的胜利。有些特别大的十字巴西利卡不但有两个侧廊，而且侧廊外还有两个侧廊，因此一共有5个厅。最外边的侧廊最窄最低，中厅最高最宽。这些教堂的内部往往铺有非常豪华的马赛克，但是外部却非常简朴，只有巨大的窗，后期的巴西利卡在墙上也贴有马赛克，而正门则饰有一个门廊（图1-24、图1-25）。

在古希腊，雅典的巴西利卡是君主或者最高贵族执政官办公建筑的称呼，而不是一个建筑结构的名称。罗马人将其引入作为建筑结构，同时，基督教也采用了这种建筑布局来建造教堂，后来罗马帝国时期的大多数教堂也都沿用了巴西利卡格局。

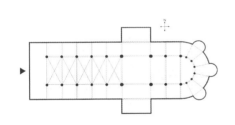

上：图1-23（左）　巴西利卡布局
　　图1-24（右）　特里尔的康斯坦丁巴西利卡
下：图1-25　特里尔的康斯坦丁巴西利卡内部

亚洲的封建社会与欧洲不同，欧洲长以城邦为主，领土不大，而亚洲国家大都先后建立过中央集权的统一大帝国，因此，亚洲的宫廷文化对建筑影响比欧洲大得多。亚洲早期建筑主要分三部分：一是伊斯兰世界，包括北非和土耳其；二是印度和东南亚；三是中国、朝鲜和日本。

第 2 章
早期亚洲建筑

ZAOQI YAZHOU JIANZHU

古伊斯兰清真寺

清真寺又称礼拜寺，是伊斯兰教建筑的主要类型，它是信仰伊斯兰教居民点中必须建设的建筑类型，是穆斯林举行礼拜和宣教等活动的中心场所。伊斯兰教有三大圣寺，分别为麦加大清真寺、麦地那先知寺和阿克萨清真寺（图2-1）。

图2-1　阿克萨清真寺

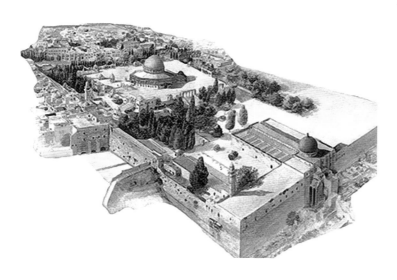

清真寺作为伊斯兰教礼拜、聚集等重要活动的建筑，各方面都体现出了伊斯兰教的教义和精神。

首先，在选址上，伊斯兰教认为将清真寺选择在人口热闹、聚集程度最高的地区，这样最能代表伊斯兰教的入世精神和积极参与社会活动的态度。在建筑朝向上，清真寺也具有独一无二的特点，就是礼拜殿的朝向都面向圣地麦加方向，由此世界各地的清真寺就像群星环绕一样围绕着麦加分布开来。

另外，清真寺礼拜殿内并没有其他宗教信仰中的偶像，且连动物造型也没有，因为伊斯兰人认为世间只有一个神明，这就是真主阿拉，除了真主，绝不供奉任何形象。因此，无论规模大小、设计异同，清真寺都以书法或植物、花卉等图案作装饰，使清真寺殿内看上去清爽醒目。

清真寺一般由殿堂围绕，形成一个长方形院落，宽敞有致。早期清真寺建筑非常简单朴实，如麦地那先知寺主要由围墙圈成院落供礼拜，房顶供唤拜，再设一简单讲台供宣教即可。其后随着穆斯林建筑艺术的发展，结构严整、规模宏大和带有装饰艺术的建筑群相继出现。

从外表看，清真寺最大的特点是大殿顶部饱满穹顶及殿顶四角的小穹顶，这组穹顶相互呼应，在结构方面提高机械强度，减少用料。力学方面，可以减少风力对屋顶的侵蚀。这种集中式穹顶建筑自古罗马就已出现，一般支撑屋顶主要有两种方式：依靠厚重的墙壁支撑，或通过四周的拱顶或小拱顶抵消一部分侧推力。阿拉伯人在耶路撒冷为纪念穆罕默德升天而造的圣石庙采用了后者的形制（图2-2）。

图 2-2　耶路撒冷岩石清真寺的圆顶

清真寺的主体建筑是礼拜大殿，大殿正面墙中有凹壁（米哈拉布），左前方有阶梯形讲坛（敏白尔），较大的清真寺还有宣礼塔。另外，由于每个星期五穆斯林都要聚集在清真寺朝拜，这也要求清真寺必须足够大以容纳众多的礼拜者。

一般清真寺有 1～4 个尖塔，也有 6 个（素丹艾哈迈德清真寺）和 7 个（麦加圣寺）的，塔顶呈尖形，有小小的亭子，用来召唤居民礼拜而设。塔一般坐落在大殿前的院落一侧，多为方形，由于清真寺普遍不高且外观简朴，塔却较易引人注目，最后发展成为清真寺的建筑中心（图 2-3）。

清真寺由于普遍存在于全世界范围内，在保持其基本结构基础上，与当地建筑风格融合，体现出了极强的包容性，也拉近了伊斯兰教与当地居民的心理距离，使其更易于传播，这在世界建筑史上也自成一体，独具风格。

图 2-3　谢赫·扎耶德清真寺宣礼塔　作者摄

古印度半岛建筑

印度河和恒河流域是古代世界文明发达地区之一，是佛教、婆罗门教、耆那教的发祥地，后来又有伊斯兰教流行，留下了丰富多彩的建筑。而其中最有名的古印度建筑分别有石窟、佛祖塔等佛教建筑、婆罗门教建筑、耆那教建筑和伊斯兰教建筑等。

2.2.1 泰姬陵

泰姬陵位于印度新德里 200 多公里外的北方城邦阿格拉城（Agra）亚穆纳河右侧，是印度最有名的古迹，是莫卧儿王朝第 5 代皇帝沙·贾汗为了纪念他已故皇后姬蔓·芭奴而建立的陵墓，竣工于 1654 年。泰姬陵由殿堂、钟楼、尖塔、水池等构成，建筑全部采用纯白色大理石，并用玻璃、玛瑙加以镶嵌，绚丽无比，是伊斯兰教建筑中的代表作，有极高的艺术价值。1983 年泰姬陵被列为世界遗产，泰姬陵也成为世界八大奇迹之一（图 2-4）。

泰姬陵的陵园长 576 米，宽 293 米，总面积 17 万平方米。四周围绕着一道红砂石墙。陵寝位于陵园正中央，东西两侧的清真寺和答辩厅均衡对称，遥相呼应，陵的四方各有一座尖塔，高达 40 米，内有 50 层阶梯，是专供穆斯林阿訇[①]拾级登高而上的。大门与陵墓由一条宽阔笔直用红石铺成的甬道相连接。在甬道两边是人行道，人行道中间修建了一个"十"字形喷泉水池。泰姬陵前面是一条清澄水道，水道两旁种植有果树和柏树，分别象征生命和死亡。

泰姬陵建筑群的色彩沉静明丽，湛蓝的天空下，草色青青托着晶莹洁白的陵墓和高塔，倒影清亮，荡漾在澄澈的水池中，飘忽变幻，景象魅人。

建筑群总体布局非常完美，陵墓是唯一的构图中心，稳重而又舒展。台基非常宽阔，和主体融合成为方锥形，没有琐碎的点缀。建筑的各个部分比例和谐，各部之间有相近的几何关系，并且主次分明——穹顶统率全局，尺度最大，正中凹廊是立面的中心，两侧和抹角斜面上凹廊反衬中央凹廊，四角的共事尺度最小，它们反过来衬托出中央的阔大宏伟。泰姬陵熟练地运用了构图的对立统一规律，使这座很简单的建筑物丰富多姿（图 2-5）。

陵园分为两个庭院：前院古树参天，奇花异草，开阔而幽雅；后面庭院占地面积最大，由一个十字形的宽阔水道，交汇于方形喷水池。后院主体建筑，就是泰姬陵墓。陵墓的基座为一座高 7 米、长宽各 95 米的正方形大理石，陵墓边长近 60 米，整个陵墓全用洁白大理石筑成，顶端是巨大的圆球，四角矗立着高达 40 米的圆塔，庄严肃穆。

---

① 阿訇（Akhond），中国伊斯兰教教职称谓。波斯语音译，回族穆斯林对主持清真寺宗教事务人员的称呼。

上：图 2-4　泰姬陵
下：图 2-5　泰姬陵局部

　　寝宫安于陵墓正中间，四个角落也各有一座圆塔，但塔身稍微外倾，目的是防止地震使塔倒塌后破坏陵体。寝宫上部是一个穹顶，高耸且饱满，下部为八角形陵壁，上下总高 74 米。用黑色大理石镶嵌的半部古兰经经文置于 4 扇拱门的门框上。寝宫共分宫室 5 间，宫墙上有构思奇巧用珠宝镶成的繁花佳卉，使宫室更显光彩照人。中央八角形大厅是陵墓中心，在墙上镶嵌着浅浮雕和精美的宝石。中心线上安放着泰姬墓碑，国王沙·贾汗的墓碑则位于其旁边。

　　泰姬陵因爱情而生，这段爱情的生命也因泰姬陵的光彩被续写，凡来到泰姬陵的人，都被它的庄严肃穆、宏伟气势所倾倒，这是一件集伊斯兰和印度建筑艺术于一身的经典作品，无论其构思还是布局，都展现了世界高超的建筑设计水平。

2.2.2 吴哥窟

吴哥窟又名吴哥寺，是世界上最大的庙宇，位于柬埔寨西北方，是吴哥古迹中保存最好的庙宇，以建筑宏伟与浮雕细致闻名于世。吴哥窟印在柬埔寨国旗上，是柬埔寨的国家标志。12世纪中叶，真腊国王苏利耶跋摩二世（Suryavarman Ⅱ）定都吴哥，为国王加冕的主祭司地婆诃罗（Divakara）设计了这座国庙，建造历时30年，1992年联合国将吴哥古迹列入世界文化遗产（图2-6）。

吴哥窟的周围是一条长方形的护城河[①]，东西方向长1500米，南北方向长1350米，护城河面宽190米。长方形的绿洲围绕着吴哥窟主体建筑，绿洲外有围墙环绕，绿洲正中的建筑是吴哥窟寺的须弥山金字塔。吴哥窟寺坐东朝西，在金字塔式寺庙的最高层矗立着五座宝塔[②]，其中四个宝塔较小，排在四个角落，一个大宝塔巍然矗立正中，与印度金刚宝座式塔布局相似，但五塔的间距宽阔，宝塔之间有游廊连接，另外，须弥山[③]金刚坛的每一层都有回廊环绕，也是吴哥窟建筑的特色之一。

十字王台尽头是吴哥窟寺的中心建筑群。它基本是由大、中、小三个以长方形回廊为周边的须弥座，依外大内小、下大上小的次序堆叠而成的三个圈层，中心矗立五座宝塔为顶点，象征须弥山。各回廊的每个基点上建立廊门，上中两层回廊四角设置塔门，每层塔门的四座宝塔与中央宝塔形成五点梅花图案。由于寺庙朝西取向，因此上一层须弥座的位置并非在下一层须弥座正中，而是略靠后偏东，为西边留出更多的空间（图2-7）。

吴哥窟整个建筑群布局均称，富有节奏，主要有镜像和旋转这两种对称形式，从护城河、外郭围墙到中心建筑群，以横贯东西方向的中轴线为中心，呈现准确的镜像对称。从广场大道望去，寺的正中有一座高塔，两座较小的塔在其左右对称构成一个山字形。寺庙顶层的五子梅花塔群，除了中轴对称之外，有更严谨的两种旋转对称：从东、西、南、北四方呈现相同的山字形构图，成90度旋转对称；还有第二组90度旋转对称：从西北、西南、东南、东北四个对角方向看，也是一样的山字形构图。五座宝塔如此安排，呈现最大限度的对称效果，重复地展示同一造型主题。

左：图2-6　吴哥窟正面
右：图2-7　吴哥窟平面图

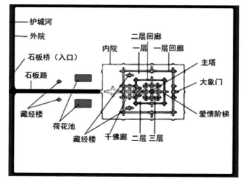

①　象征环绕须弥山的咸海。
②　象征须弥山的五座山峰。
③　印度神话中位于世界中心的山。

吴哥窟的回廊由三个元素组成，包括内侧的墙壁兼朔壁、外向成排立柱和双重屋檐廊顶，这三个元素不仅实用而且美观：成排立柱为横向，画廊重檐为纵向，两者相加，纵横交错，构造出建筑物的宽阔感、高崇感和节奏感。吴哥窟虽无大型中心建筑，但其外观却呈现出宏大的体量（图2-8至图2-10）。

吴哥窟是垒石建筑，主要是长方石块层层堆垒，偶有工字形咬合，绝大多数连接处不用黏合剂，靠石块表面形状的规整以及本身重量的彼此叠合，其建筑外部浮雕极为精致且富有真实感，内容主要有关印度教大神毗湿奴的传说，这些浮雕手法娴熟、场面复杂、形象逼真、人物生动，重叠层次显示出深远的空间，不愧为世界建筑史中的杰作。墙上的人像浮雕婀娜多姿，人物表情、外貌、服装各不相同，这给吴哥窟灌注了生命力，整个建筑展现了人文与自然交错融合之美。

吴哥窟带有浓厚的高棉民族佛教艺术色彩，是东南亚主要的佛教圣地，与中国万里长城、埃及金字塔和印度尼西亚的千佛坛一起，被誉为古代东方的四大奇迹。

左：图2-8（上）　吴哥窟西北角楼
　　图2-9（下）　吴哥窟东墙
右：图2-10　吴哥窟画廊女神浮雕

2.3
日本姬路城

姬路城位于日本兵库县姬路市中心，也称为白鹭城，为高大的木石混筑建筑。初建于14世纪，在16—17世纪期间黑田孝高（Yoshitaka Kuroda）与池田辉政（Ikeda Terumasa）进行过大规模修复和扩建。城堡屹立在海拔40多米的姬山之巅，主要城郭天守阁高达31米，外形类似一只白鹭，是日本现存古代城堡中规模最宏大的一座，与熊本城、松本城合称日本三大名城（图2-11）。

姬路城的建筑结构相当严密，城堡非常坚固，最大的城堡海拔达到92米，三座较小的城堡被防御墙巧妙的设计成为一体。外部、中部及内部壕沟组合而成的战略防御工事，呈三重螺旋形。三条同心圆护城河环绕着高大曲折的石制城郭，城郭间有大门和瞭望塔。城墙和瞭望塔上设置有小孔，用来打枪、射箭。俯瞰城堡内庭的道路非常清晰，但进入其中，却千回百转，让人有进入迷宫的感觉。屋顶用来防火的辟邪物是一只巨大的鯱鉾，装饰得非常华丽。从远处看，延绵起伏的山体与城堡的白色泥墙和谐地融为一体，让人感觉异常素雅与宁静。

姬路城外墙被漆成白色，并带有一系列精雕细琢的屋檐，犹如展翅欲飞的白鹭，这也是为什么它也被称为"白鹭城"的缘故（图2-12、图2-13）。

姬路城崭新的建筑结构技术在以前神社、寺院建筑都未曾用过。城堡共七层，采用堆积重叠的轴结构，正中是两根从地基直达第六层的大柱（直径约为1米、高25米），由地基至第二层，三层至四层，五层至六层用通柱分别构成三个共同体，并用横梁巩固通柱，形成了各层的地板结构，大梁则插入中央的大柱，使三个共同体巧妙结合在一起。

城堡内的防御系统设计也非常巧妙，各个城郭区间的通道用石垣和城壁相隔，外人无法轻易进入，石垣呈"扇形斜坡"，上面向外翘出，使人无法攀登，外部墙壁全部涂上白色灰浆以达到防火目的。

姬路城作为日本著名建筑，在向世人展示日本伟大遗产的同时，也体现了日本城堡建筑巧妙的战略防御技能，代表着江户时代日本最高超的造城技术，凝结了日本古代建筑技术精华。

图2-11　姬路城旧绘图　　　　　　　　　图2-12　姬路城

中国古代建筑

中国传统建筑的形成和发展具有悠久历史，由于幅员辽阔，各处气候、人文、地质等条件不同，而形成了各具特色的建筑风格。尤其民居形式更为丰富多彩，如南方干阑式建筑、西北窑洞建筑、游牧民族毡包建筑、北方四合院建筑等。中国建筑更是影响了整个东亚的建筑体系，包括韩国、朝鲜、越南、蒙古和日本等。

2.4.1 故　宫

故宫位于北京市中心，旧称紫禁城，是明成祖朱棣夺取帝位迁都北京时（1406 年，永乐四年）在元大都宫殿的基础上仿南京皇宫所建，营造共用时 14 年，动用工匠 23 万、民夫上百万，是明、清两代的皇宫，是无与伦比的古代建筑杰作（图 2-14）。

故宫建筑群体现了汉式宫殿建筑独特性、丰富性、整体性及象征性的特点。建筑群沿南北中轴线展开，均衡布局给人一种严肃庄重的感觉，增加了皇家宫殿的威严。一般建筑立木为表，故宫天安门前立雕饰石柱为华表，指示整座紫禁城的建筑方向，并与主体建筑风格协调，成为一种装饰。平面布局以大殿（太和殿）为主体，取左右对称方式排列诸殿堂、楼阁、台榭、廊庑、亭轩和门阙等建筑。建筑群通过一些内在关系进行变化和排列，殿宇墙柱、门窗等均是有秩序的重复布局，以产生具有节奏感的韵律。

色彩上，故宫主要建筑均采用黄色琉璃瓦屋顶，柱子和门窗用朱红色，檐下阴影部分建筑采用青绿色并略带金色，台基采用沉稳肃穆的白色，在阳光照射下，各个殿宇显得富丽堂皇。

图 2-13　姬路城局部　　　　　　　　　　　图 2-14　故宫城

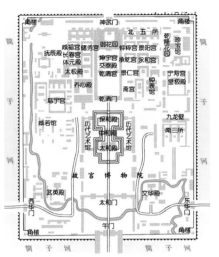

图 2-15　太和殿　丁一平摄

图 2-16　故宫中轴线示意图

　　中国古代建筑外观最显著特征是屋顶，故宫中就有 10 种以上不同形式的屋顶。太和殿、中和殿与保和殿屋顶就截然不同：太和殿是重檐庑殿顶；中和殿为四角攒尖顶；保和殿则是重檐歇山顶，封建等级观念影响了不同屋顶形式的运用。故宫四座角楼，其屋顶结构更为复杂、奇巧，各部分比例协调，檐角秀丽，造型玲珑别致，从而成为北京故宫的象征。

　　故宫建筑装饰也是巨大的艺术财富，屋角被设计成各种翘角飞檐，加以雕刻彩绘，屋脊上用各种华丽神兽进行装饰。太和殿屋顶正脊两端有两个琉璃吻兽含住大脊，稳重有力。这些神兽造型优美，既是功能构件，也是装饰部件。

　　故宫严格地按《周礼·考工记》中"前朝后寝，左祖右社"的帝都营建原则建造，建筑布置上一砖一瓦都在表现着皇权至上，用形体变化、高低起伏的手法组合成一个整体，在功能上符合封建社会的等级制度，同时达到左右均衡和形体变化的艺术效果。

　　故宫建筑依据其布局与功用分为"外朝"与"内廷"两大部分。"外朝"与"内廷"以乾清门为界，乾清门以南为外朝，以北为内廷。故宫外朝、内廷建筑气氛迥然不同。外朝以太和殿、中和殿、保和殿三大殿为中心，位于整座皇宫中轴线上，其中三大殿中的"太和殿"俗称"金銮殿"，是皇帝举行朝会的地方，也称为"前朝"，是皇帝行使权力、举行盛典的地方（图 2-15）。此外两翼东有文华殿、文渊阁、上驷院、南三所，西有武英殿、内务府等建筑（图 2-16）。

　　内廷以乾清宫、交泰殿和坤宁宫后三宫为中心，两翼为养心殿、东六宫、西六宫、斋宫、毓庆宫，后有御花园，是封建帝王与后妃居住、游玩之所。内廷东部的宁寿宫是当年为乾隆皇帝退位后养老而修建，内廷西部有慈宁宫、寿安宫等。此外还有重华宫、北五所等建筑。

　　故宫展示了汉族建筑文化之精华，其特点也体现在多个方面：

　　其一，总体布局体现"择中立宫"思想。故宫占据着城市最重要地段，且规模庞大，共占地72 万平方米，现存 9000 多间房屋，当之无愧为世界上最大的宫殿。

其二，布局相当严整。故宫中轴线是世界城市史上最长的一条中轴线，建筑整体比例也达到了令人惊叹的和谐，采用层层封闭的空间规划，分割出深远的空间。整体尺度象征"九五之尊"，外朝空间是内廷的四倍，比例为9∶5。

其三，阴阳五行等象征手法。外朝为阳，内廷为阴，四象的"四灵之地"分别为东西十二宫，"十二星宿"有乾清宫（天）、坤宁宫（地）等。

另外，故宫的斗栱也是我国古代建筑中独一无二的组成部分，显示着东方建筑特有的风格气质。紫禁城中皇家宫殿上的斗栱精致繁复，贴金绘彩，在中华古建筑遗产中自成一道引人瞩目的风景（图2-17至图2-19）。

左：图2-17（上）　太和殿藻井
　　图2-18（下）　太和殿溜金斗栱
右：图2-19　故宫内的金狮

故宫通过空间、形体、比例、节奏、色彩、装饰等多种因素的协调统一，形成了其特有的建筑艺术空间，当之无愧为中国古代建筑杰作和典范，展示了中国历史悠久的文化传统，也显示了古代匠师们的精湛技艺。

2.4.2 布达拉宫

西藏自治区拉萨市屹立着当今世界上海拔最高、规模最大的宫堡式建筑群——布达拉宫，整座宫殿具有鲜明的藏式风格，依山而建，气势雄伟。布达拉宫始建于公元641年，公元1645年在五世达赖喇嘛阿旺·罗桑嘉措总领下，由摄政王第悉·桑杰嘉措主持，五世达赖喇嘛总管第巴·索朗绕登主持重建，1994年被列为世界文化遗产，同时还是世界杰出土木石建筑和世界三大宫堡之一。

布达拉宫的主体建筑是白宫和红宫。白宫因外墙白色而得名，是达赖喇嘛的冬宫，高七层，位于第四层中央的东有寂圆满大殿是布达拉宫白宫内最大的殿堂，面积约720平方米，是达赖喇嘛坐床、亲政大典等重大宗教和政治活动场所，第五、六两层是摄政办公和生活用房等，最高处第七层有两座达赖喇嘛冬季的起居宫，因为这里终日阳光普照，又称东、西日光殿。

红宫位于布达拉宫中央位置，外墙为红色，宫殿采用了曼陀罗布局，围绕着历代达赖灵塔殿建造了许多经堂和佛殿，从而与白宫连为一体。红宫最主要的建筑是五座规模不等、殿形制相同的历代达赖喇嘛灵塔殿（五世、七世、八世、九世和十三世），其中最大的五世达赖灵塔殿（藏林静吉）高三层，有16根大方柱支撑，中央安放五世达赖灵塔，两侧分别是十世和十二世达赖灵塔。

宫殿整体设计和筑造结合了当地环境条件，采用石木结构，墙基宽而坚固，其中外墙最厚处达到5米，直接埋入山体岩层，花岗岩砌筑的墙身高达数十米，每隔一段距离就灌注铁汁以加固，提高宫殿抗震能力。屋内用柱、斗拱、雀替、梁、椽木等元素组成撑架，各大厅和屋子的顶部都设有天窗，便于整个宫殿的采光和通风。

现存布达拉宫的设计、布局、材料、工艺和装饰等均保存自7世纪始建以来的原貌，其建筑艺术的成就举世瞩目，主要体现在以下几点：

一是依山就势而建。建筑师没有沿用传统的中轴对称思维，宫墙随山体高低变化、错落有致，依靠自然而并非全部人工产物，从山下利用几道与山体等高线平行的"之"字形踏跺将人引到宫门，两侧城墙也顺山势而起，使整个宫殿与山体紧紧地连接在一起。

二是注重艺术辩证法，大量运用艺术对比手段。布达拉宫白宫外墙的白色，与附近山顶终年不化的皑皑白雪遥相呼应，又与红宫外墙的深红色形成了鲜明对比。整个建筑主要色彩虽只有红白二色，但与遥不可及的湛蓝天空以及脚下浑然一体的黄绿山色，形成了鲜明且艳丽的色彩对比。

宫殿的屋顶和窗檐采用木质结构，飞檐外挑、屋角翘起、铜瓦鎏金，用鎏金经幢、宝瓶、摩蝎鱼和金翅鸟做脊饰。闪亮的屋顶采用歇山式和攒尖式，具有汉代建筑风格。屋檐下的墙面装饰有鎏金铜饰，形象都是佛教法器式八宝，有浓重的藏传佛教色彩。柱身和房梁上布满了鲜艳的彩画和华丽的雕饰，内部廊道交错，空间曲折莫测（图2-20至图2-22）。

布达拉宫众多建筑虽属历代不同时期建造，但各宫殿的修建都十分巧妙地利用了山形地势，因此布局上十分协调，同时又使整座宫殿非常雄伟壮观。该建筑不仅凝结了藏族人民的智慧，也是汉藏文化融合交流的见证，其巍峨雄姿和藏传佛教神圣的地位成为了藏民族的象征，建筑艺术成就非凡。

上：图 2-20　布达拉宫金顶
下：图 2-21（左）　布达拉宫
　　图 2-22（右）　内殿参观入口

白马寺位于河南省洛阳老城以东约 12 公里处，始建于东汉永平 11 年（公元 68 年），距今已有近 2000 年历史，被称作"中国第一古刹"，是佛教传入中国后第一所官办寺院。

白马寺北依邙山，南临洛水，宝塔高耸，殿阁峥嵘，长林古木，肃然幽静。初建时的白马寺，据《魏书》记载："自洛中构白马寺，盛饰佛图，画迹甚微，为四方式，凡宫塔制度，犹依天竺旧状而重构之。"由此可见，白马寺寺院布局采用了"悉依天竺"旧式，应是以佛塔为中心的方形庭院布局。后来屡遭战乱，寺内古建筑所剩无几。现在看到的白马寺，为明嘉靖时基础框架，坐北朝南，布局规整，风格古朴，整体为一长方形院落，总面积约 4 万平方米，有 100 多间殿堂，是典型的汉地佛寺纵轴式布局。从山门进入，沿一条南北向中轴线，由南向北每隔一定距离布置一座殿堂，共有五重大殿，依次为天王殿、大佛殿、大雄殿、接引殿和毗卢阁（清凉台）（图 2-23），周围用廊屋或楼阁、偏殿围绕，互相对称排列。寺院的生活区域包括居室、厨房、饭堂、库房、接待室等，均集中在中轴线东侧，而接待四方来客的客房设在中轴线西侧。

整个建筑宏伟肃穆，布局严整。寺庙大门之外，广场南有近年新建的石牌坊、放生池、石拱桥，其左右两侧为绿地，左右相对有两匹宋代石雕马，大小和真马相当，生动逼真。白马寺山门为明代重建，为一并排三座拱门，代表三解脱门，佛教称之为涅槃门。

这种布局符合中国古人阴阳宇宙观及崇尚对称、秩序、稳定的审美心理。中国佛寺的方形、沿南北中轴线分布且对称稳重的布局，融合了中国特有的祭祀祖宗、天地的功能。白马寺的建筑布局，基本奠定了我国汉族地区两千年来佛寺布局形态（图 2-24、图 2-25）。

迄今为止，白马寺无论是建筑布局，还是佛事活动，都彰显中国第一古刹的地位，是佛教传入中国的第一见证者。自白马寺后，佛教寺院成为中国古代建筑的一种重要类型，对中国古代文化和建筑发展都具有重大的影响。

左：图 2-23　白马寺清凉台毗卢阁　丁一平摄
右：图 2-24　白马寺齐云塔　丁一平摄

地域广阔、历史悠久的中国,民居丰富多彩,四合院、围龙屋、石库门、蒙古包、窑洞、吊脚楼等。早已为世人所知晓。如主要分布在福建省的龙岩、漳州等地区的客家土楼,因其独特性 2008 年被正式列入《世界遗产名录》。

其中永定县客家土楼特色鲜明,数千余座方形、圆形、八角形和椭圆形土楼各式各样,既科学实用,又内涵丰富,其规模之大,造型之美,历史之悠久,令人赞叹。

土楼其实就是一种"集合式"建筑,规模大是它最主要的特点,堪称民居之最。以圆形土楼为例,多数直径超过 50 米,内有上百间住房,同时可容纳两三百人,体现了客家人聚族而居的生活习俗(图2-26、图2-27)。

从文化角度来看,土楼这种建筑形式与客家人生存处境息息相关。因为客家人居住地大多是

上:图 2-25(左)　中国传统寺庙建筑布局
　　图 2-26(右)　圆形土楼　作者摄
下:图 2-27　承启楼四环土楼王

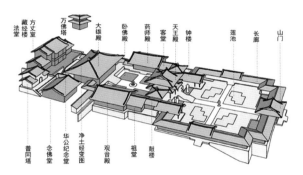

偏僻山区，建筑材料有限，加之豺狼虎豹和土匪袭扰，客家人出于族群安全防御，营造出一种既御外凝内，又能节省材料的独特建筑形式——土楼。另外，土楼的细部构造如窗台、门廊、檐角等也丰富精巧，融合了历代客家人的审美需求。

早期土楼是方形，有宫殿式和府第式，体态不一，不但奇特，而且富于神秘感，坚实牢固。但鉴于方形土楼具有方向性、四角较阴暗，通风采光有缺点，客家人又设计出通风采光良好的，既无开头又无结尾的圆形土楼，它一般以一个圆心出发，依不同半径，一层层向外展开。最中心处为家族祠院，向外依次为祖堂和围廊，最外一环住人，整个土楼房间大小基本在 10 平方米左右，并使用共同的楼梯。土楼内水井、粮仓、畜圈等各个设施一应俱全，加上厚重的墙壁，既能保障生命安全，又可以起到御敌作用（图 2-28）。

从建筑技术水平来看，客家土楼充分体现了客家人精湛的建造技术和因地制宜的施工方法。

首先是良好的坚固性，特别是圆形土楼，坚固性最好。圆筒结构均匀地承载各类重压，同时采用底部厚，往上渐薄并略微内倾的设计形式，使其具有向心状态，起到很好的抗震作用，土墙内又埋有竹片木条等水平拉结性筋骨，即使受力过大而产生裂缝，整体结构也并无危险。

其次是经济实惠可推广。客家土楼普遍建在山区，采用当地黄土和杉木作为主要建筑材料，用黏沙土混合夯筑，墙中布满竹板式木条作墙盘，起到相互拉力的作用，施工方便，造价便宜。另外，土楼的施工技术非常简单，无须依靠任何机器，且建楼安排在农闲少雨的冬季，可号召族人全体参与，降低费用。

还有就是其实用性高。土楼墙体较厚，冬暖夏凉，且能在室外内外湿度差异大的情况下，利用厚土释放和吸收水分的特性保持适宜人体的湿度。另外，土楼内部四通八达，且区域分明，族人既可以互通有无，又有相对独立的生活空间。

福建西部的客家土楼，不管是其规模还是艺术水平，亦或就地取材、聚族而居等生存理念，都体现了客家人为求生存而迸发出的高超智慧，实乃中国民居建筑中的奇葩。

图 2-28　广东河源方形古堡式客家围屋

应县木塔全名为佛宫寺释迦塔，位于山西省朔州市应县城内西北角的佛宫寺院内，建于公元1056年，于公元1195年增修完毕，是我国现存唯一一座最高最古老的木构楼阁式塔，与意大利的比萨斜塔，法国巴黎的埃菲尔铁塔并称世界三大奇塔（图2-29）。

应县木塔是典型的中国传统建筑，也是我国木构建筑的奇迹，在艺术价值和技术成就上可用五个之最来描述。

最古老：应县木塔的塔龄距今900多年历史，不仅是我国现存最古老的木塔，也是世界上现存最古老的木质建筑。

最高：应县木塔高约67米，相当于20层楼房，不仅是全国最高的木塔，也是全世界最高的纯木质建筑。除此之外，木塔整体非常匀称，木塔高度是底层直径的2.2倍，看上去高峻但不失凝重感，塔身设计为五层，每层之下藏有一个暗层，实际上达到了九层结构。

最多：应县木塔的不同斗拱种类达到54种，被誉为"斗拱的博物馆"。

最巧：应县木塔的结构巧夺天工。木塔整体是纯木结构，共用木料1万立方米，塔身达到7400吨，但绝妙的是，这样一栋雄伟的建筑，却没有用一根铁钉，全靠榫和卯咬合而成，令人叹为观止。

最坚固：应县木塔900多年来，经历了十几次大地震仍屹立不倒，这与塔的结构有着密不可分的关系，应县木塔采用双层套筒结构，增加了它的稳定性，且将木头的柔韧性发挥出来，保证了木塔绝对稳固。

应县木塔将建筑结构与使用功能完美结合在一起，塔内每层都有塑像，头层释迦佛像高大肃穆，顶部穹窿藻井给人以天高莫测之感。二层由于八面来光，一主佛、两位菩萨和两位胁从排列，姿态生动，三层塑四方佛，面向四方，五层塑释迦坐像于中央，八大菩萨分坐八方，利用塔心无暗层的高大空间布置塑像，以增强佛像的庄严。

应县木塔的设计，大胆继承了汉、唐以来富有民族特点的重楼形式，充分利用传统建筑技巧，构造完美，设计巧妙，是一座结合民族特色且符合宗教要求的建筑，无论建筑技术、内部装饰和造像技艺，都是出类拔萃的，即使到现在也非常具有研究价值，是我国古建筑中的瑰宝，世界木结构建筑的典范。

图2-29　应县木塔　丁一平摄

　　欧洲中世纪是以封建制度为代表的宗教统治时期，其建筑也进入了新阶段。城市的自由工匠们掌握了比古罗马奴隶更娴熟的手工技艺，建筑中人力、物力的经济性远比古罗马高。中世纪欧洲建筑以拜占庭建筑和哥特式建筑为主，是当时物理学、数学、美学、人文思想的体现，值得我们欣赏、了解和学习。

　　由于中世纪的手工业和商业的发展，为了冲破封建领主的统治，社会出现了各种解放运动。在城市解放运动和君主集权的历史条件下，法国和西欧建筑风格发生了很大变化。在这个时代，辉煌的古希腊文化和灿烂的罗马文化被破坏，因此在美术史中，人们通常称之为"黑暗的中世纪"。但不可忽视的是，这段时期建筑的艺术特色、技术成就主要体现在教堂类建筑，如"哥特式建筑"就是其中的代表。

第3章
欧洲中世纪建筑
OUZHOU ZHONGSHIJI JIANZHU

拜占庭建筑

拜占庭式建筑是拜占庭帝国时期在古罗马巴西利卡的形式基础上，融合了波斯、两河流域和叙利亚等东方艺术所形成的建筑。拜占庭式建筑没有因为 1453 年拜占庭帝国灭亡而消失，相反这种建筑风格于 19 世纪 40 年代起重新开始出现于欧洲，并对后来的东欧建筑和伊斯兰教建筑都有深远的影响。

3.1.1 圣索菲亚大教堂

圣索菲亚大教堂是公元 325 年因君士坦丁大帝（Constantinus I Magnus）为了朝拜智慧之神而建造，之后由于战乱被损毁。532 年查士丁尼大帝（Justinian）下令由米利都的伊西陀尔（Isidore of Miletus）和特拉列斯的安提缪斯（Anthemius of Tralles）两位建筑师重建大教堂，537 年中东大主教将其命名为圣索菲亚①大教堂（图 3-1）。

拜占庭建筑具有很强的宗教性质，建筑技术及其艺术主要是为教会服务。因宗教仪式需要，教堂空间的功能分区非常明确，虽然其功能不同，但是艺术手法非常统一，就是为了连接两种空间，增大纵深的空间，通过柱廊来连接和划分空间，从而增加层次感，让身处其中的人对整个空间产生无限的遐想。

图 3-1　圣索菲亚大教堂

教堂的正厅上是一个很大的穹顶，圆顶直径大约有 32 米，距地面高约 56 米，圆顶下有 40 个拱形窗户，当光线透过这 40 个拱形窗户时，巨大的圆顶就像漂浮在半空中一样。教堂正是运用了"帆拱"这种结构来将巨大的穹顶架在由四个柱墩在方形平面四边做成的券上，穹顶的重量完全由四个券拱下的柱墩承担。

正厅大圆顶东西两侧各接一个半圆顶，和屋顶对应的中殿东西两端也各接一个半圆室，在半圆室南北两侧又各接一个半圆的壁龛，在教堂西侧也接有一个半圆的壁龛，而

---

① 圣索菲亚又指基督的智慧，三位一体的第二位。

所有壁龛都有两层连拱廊。可以说，教堂中央的圆顶支配着圣索菲亚大教堂内部和外部的形象以及空间结构（图3-2、图3-3）。

圣索菲亚大教堂与其他希腊式建筑和罗马式建筑有所不同，希腊式建筑使用的建筑材料主要是大理石，罗马式建筑主要是由混凝土建成，而圣索菲亚大教堂的主要建筑材料是砖块。

教堂外立面使用的是简单的灰泥墙，烘托出了拱顶和圆顶，教堂内一共有107根柱子，大部分的柱子采用的是科林斯柱式，华丽高贵，为了防止柱子开裂，每一个柱子的柱身上都环绕金属环用以加固。

圣索菲亚大教堂的艺术价值不仅体现在建筑形式的美感方面，材料的运用也是非常有特色。教堂没有太多的雕刻，但注重对于马赛克的运用，华丽的马赛克以及大理石柱子和教堂内部的装饰共同形成了它的艺术价值。教堂彩色窗户外射进来的光线和马赛克闪耀的金色光芒配合着柱廊与窗户划分的空间，使整个教堂充满了神秘和神圣的感觉（图3-4）。

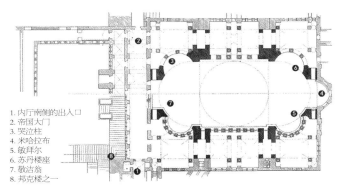

1. 内厅南侧的出入口
2. 帝国大门
3. 哭泣柱
4. 米哈拉布
5. 敏拜尔
6. 苏丹楼座
7. 敬洁翁
8. 邦克楼之一

上：图3-2　圣索菲亚大教堂平面图
下：图3-3（左）　圣索菲亚教堂的结构示意图
　　图3-4（右）　圣索菲亚大教堂内部细节

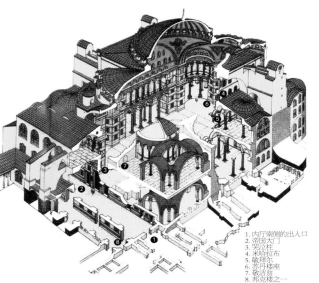

1. 内厅南侧的出入口
2. 帝国大门
3. 哭泣柱
4. 米哈拉布
5. 敏拜尔
6. 苏丹楼座
7. 敬洁翁
8. 邦克楼之一

圣索菲亚大教堂勿庸置疑是人类历史长河中遗留下来的精美建筑物，是拜占庭艺术的杰出代表，在大教堂建成的一千年里，它一直是世界上最大的教堂，拥有西方基督教建筑特色的同时又具有东方艺术的美学风格，无论是在艺术形式美感上还是从技术创新上都取得了显赫的成就，也是教堂建筑的一个里程碑。

3.1.2 圣马可大教堂

威尼斯圣马可大教堂始建于828年，我们今天所看到的圣马可大教堂是1063年到1094年间重建成的。在随后的几个世纪，一些从其他古建筑上取下来的材料不断添加到了教堂的外部，随着时间的推移，教堂就包含了很多历史久远的装饰物件、雕刻和大理石材料。

教堂本来是拜占庭式建筑，但在之后修复过程中又融合了哥特式建筑架构的木质穹顶、拜占庭式的金饰、15世纪的哥特式小尖顶、罗马式拱顶、伊斯兰式圆顶和17世纪文艺复兴的装饰，使得教堂渐渐成为融拜占庭式、哥特式、伊斯兰式、文艺复兴式各种流派于一体的综合艺术杰作。

从建筑外观来看，教堂可以分成圆顶、上层和下层三个部分，下层是五个圆形的拱门，用大理石柱装饰得极为华丽，让旅客进出的大门是用青铜装饰的，中间的大门上有三层精美的罗马式浮雕，在最外面一层是19世纪镀金马赛克。

教堂是横向臂长和主轴线长相等的希腊十字形平面，中厅是传统的巴西利卡式。教堂内由一个圣坛屏将内殿和其他部分分开。圣坛屏的后方是黄金祭坛，圣坛屏的左侧是供人阅读圣经时所站立的平台，右侧的通道则通向圣彼得教堂。

教堂的内部装饰比外部更加华丽，五个大圆顶呈十字形排列，天花板、墙壁、地板到处都是由玻璃、大理石、黄金等金光闪闪的材质融合在一起所制成的镶嵌画，如同整座教堂都笼罩在金色的光芒之中。教堂前厅的天花板上画着旧约圣经故事，中央圆顶是一幅耶稣升天的镶嵌画，大理石地板上镶嵌着各种几何图案和动物图案。据记载，教堂的马赛克装饰面积达8000多平方米，很多作品受到了拜占庭和哥特式艺术风格的影响（图3-5至图3-8）。

图3-5 《圣马可广场》油画 加纳莱托（1730年，意大利）

圣马可教堂又被称之为"黄金教堂"，如果圣马可广场是王后的皇冠，那圣马可大教堂就是这个华丽皇冠上珍贵也必不可少的一颗璀璨珠宝，几百年来，它吸引了来自世界各地的画家和诗人。

图 3-6（上）　圣马可教堂内部装饰
图 3-7（中）　圣马可大教堂的屋顶　丁一平摄
图 3-8（下）　教堂内的黄金圣坛屏

3.1.3 克林姆林宫

克林姆林宫位于莫斯科鲍罗维茨丘陵上，与红场毗邻，14世纪起这里修筑起一座名为"克林姆林"的庄园，后来逐渐发展成为了俄国沙皇的皇宫，被用来举行加冕大礼以及皇族接受洗礼和结婚等重大典礼仪式之用，是莫斯科最有名的建筑之一，也是俄罗斯国家的象征，享有"世界第八奇景"的美誉。

克林姆林宫建筑群，其呈不等边三角形状，总占地面积达27.5万平方米，周长2千米之多。在宫墙内，教堂耸立，殿宇轩昂，高耸的政府大厦、博物馆穿插其中，林木葱郁，景象繁荣，其中最有特色的就是一组拥有"洋葱头顶"的高塔，它们是红色砖墙面加以白色的石头来装饰，再配上其他颜色的外表，不同于欧洲古时期的罗马式或哥特式，反而跟东方的清真寺有几分相似，又由于其中几幢建筑主要是意大利设计师设计，使得宫殿建筑也吸收了西方建筑的精粹（图3-9）。

建筑群当中主要有圣母升天大教堂、伊凡大帝钟楼、多棱宫、天使长大教堂、牧首宫和大克里姆林宫，其中最引人瞩目的是建于15世纪后期的圣母升天大教堂。圣母升天大教堂是东正教教堂，位于克林姆林宫的北侧，背靠牧首宫和十二使徒教堂。圣母升天大教堂被当做莫斯科大公国

左：图3-9　克林姆林宫全貌
右：图3-10　圣母升天大教堂

的母堂，1479 年由莫斯科大公伊凡三世委托意大利建筑师菲奥拉万蒂（Aristotile Fioravanti）重建，教堂的山字形的拱门和金色的圆塔具有明显的俄罗斯东北部风格（图 3-10）。

圣母升天大教堂西南面的是伊凡大帝钟楼，建于 1508 年，是克林姆林宫中最高的建筑（81 米），钟楼在 1600 年时增建至五层并设金顶，从第三层开始建筑往上逐渐变小，外面呈八边形棱柱体层叠，每一面的拱形窗户都有自鸣钟，后来又在其北边建了一座四层的立方体钟楼（图 3-11）。

多棱宫坐落在教堂广场的西边，建于 1487 年，曾经是大公的金銮殿，也是克林姆林宫建筑群中唯一的民用建筑，宫殿中心四棱台上的十字形楼板显现出多棱宫所独有的民族特色。

天使长大教堂也是东正教教堂，位于克林姆林宫内的大教堂广场，建于 16 世纪初，它的建造结合了意大利文艺复兴时期的建筑风格特征和俄罗斯传统建筑的十字拱顶，创造了一种新的建筑形式，是克林姆林宫中最为独特的建筑（图 3-12）。

1656 年克林姆林宫增建了十二使徒教堂，这个教堂的设计以及细部装饰是参照十二世纪弗拉基米尔（Vladimir）的圣母升天大教堂，尼康希望建造一座能够回归教堂设计在象征上的正确形式的典范（图 3-13）。

大克林姆林宫是克林姆林宫中的主要建筑之一，它面向莫斯科河，有三列独特的高窗，

图 3-11　伊凡大帝钟楼

1839—1849 年在旧宫原址上重建，由古老的安德烈夫斯基大厅和阿列克山德洛夫斯基大厅联结而成，内部呈长方形，外观为仿古典俄罗斯造型，厅室建筑样式配合协调，装潢华丽（图 3-14）。

克林姆林宫是俄罗斯世俗和宗教的文化遗产，每一座建筑都蕴含着俄罗斯人民无与伦比的智慧，它高大雄伟的围墙和矗立着的钟楼，金色屋顶的教堂，古老的宫殿和楼阁，构成了一组美丽雄伟的建筑群体。克林姆林宫的建筑风格独特，是世界建筑史上难得的精品和艺术宝库。

上：图 3-12（左）　天使长大教堂
　　图 3-13（右）　十二使徒教堂
下：图 3-14　大克林姆林宫

3.1.4 华西里·伯拉仁内教堂

为了庆祝俄罗斯独立解放，1555 年伊凡四世下令修建一座象征俄罗斯民族独立和解放的教堂。1588 年费奥多尔·伊万诺维奇沙皇（Fedor Ivanovich）在其中一位俄罗斯东正教圣人华西里·柏拉仁诺（Vasili Branino）墓的上方添置了一个小礼堂，这就是华西里·伯拉仁内教堂。华西里教堂是俄罗斯中后期建筑的代表作，因为独特的色彩运用和醒目的圆形屋顶，使其外型看起来十分的壮观，虽然有着纪念碑一样的外形，但形状装饰各不相同的葱头顶却体现了一种欢快活泼的气氛（图 3-15）。

华西里教堂由 9 个敦式形体组成，中间的主楼最高，将近 50 米，在主楼周围，围绕着 8 个稍小的敦体，都有色彩缤纷、样式各异的圆葱顶，螺旋式花纹给葱顶很强烈的动感，屋顶十字架在太阳的照射下熠熠生辉。虽然这九座塔色彩和样式都不相同，但是搭配得却很和谐。教堂原来全部都是白色的，圆屋顶镀金，在 16、17 世纪重新修建时建筑师参考了篝火上升到天空时火焰的形状和颜色，改变了其外观并用红砖建造，增强了其向上的运动感。教堂的石墙厚达 3 米，因此教堂的结构非常坚固，而教堂内部几乎所有的墙壁和穹顶上都被精美华丽的壁画所覆盖。

华西里教堂具有里程碑式的意义，因为拜占庭希腊式的建筑风格影响了俄罗斯 200 多年。而从华西里教堂开始，俄罗斯建筑开始摆脱了对拜占庭文化的追慕，更多民间传统文化被发扬光大，形成了独特的民族传统建筑风格（图 3-16）。

华西里·伯拉仁内教堂又被称为"用石头描绘的童话"，教堂看上去像童话中的城堡，但是它的样式、色彩、结构却表明它是一个独特的教堂，一个令世人着迷的建筑。虽然伯拉仁内教堂色彩纷呈，却和周边的克林姆林宫搭配出一种独特的风情，成为了莫斯科城内最受欢迎的地方。

左：图 3-15　华西里·伯拉仁内教堂
右：图 3-16　华西里·伯拉仁内教堂

中世纪哥特式建筑

12—15 世纪，以法国为主的一些西欧国家开始建造哥特式建筑（Gothic Architecture），最初的哥特式建筑兴于法国巴黎的教堂建筑，13—15 世纪时逐渐在欧洲流行。

哥特式教堂成形的标志是巴黎北区王室的圣德尼教堂，夏特尔主教堂（Cathedral Charter）的建成进一步发展了哥特式风格，而著名的巴黎圣母院则是哥特式建筑的辉煌代表，到了 15 世纪时，哥特式风格逐渐被烦琐的装饰和华而不实的结构慢慢掩盖。

哥特式建筑总体风格特点是空灵、纤瘦、高耸和尖顶。尖顶的形式是尖券、尖拱技术的结晶，高耸的墙体则包含着斜撑技术、扶壁技术，而那空灵的意境和垂直向上的形态，则是基督教精神内涵最确切的表述。

建筑反映不同时代的文化需要，哥特建筑在文艺复兴时期被当作为黑暗中世纪的象征而被称为哥特式建筑，因为"哥特式"这个名称取自哥特人，他们灭亡了西罗马帝国，摧毁了古典文化，被称为"野蛮民族"受人厌恶。意大利文艺复兴大师拉斐尔（Raffaello Sanzio）对它的评价甚至是"毫无典雅和风致"，然而不可否认的是哥特式建筑在艺术和建筑结构上的创新成就，尤其是以法国主教堂为代表的哥特式建筑，无疑是世界建筑史上最峻拔的高峰之一。

3.2.1 巴黎圣母院大教堂

巴黎圣母院大教堂位于法国巴黎市中心西堤岛上，也是天主教巴黎总教区的主教座堂，巴黎大主教莫里斯·德·苏利（Maurice de Sully）于 1160 年决定重建，历时 180 多年，于 1345 年全部建成，是法兰西岛地区哥特式教堂群里面最具有代表意义的一座。

巴黎圣母院为欧洲早期哥特式建筑和雕刻艺术的代表，是巴黎第一座哥特式建筑，集宗教、文化、建筑艺术于一身，原为纪念罗马主神朱庇特而建造，随着岁月的流逝，逐渐成为巴黎圣母院早期基督教教堂。

圣母院平面呈横翼较短的十字形，坐东朝西，正面风格独特，结构严谨，雄伟庄严，中庭上方有一个高达 90 米的尖塔，塔顶是一个细长的十字架，左右两侧顶上塔楼是之后才修建的，但没有塔尖。

教堂西立面被三条横向装饰带划分为三层，底层有三个桃形门洞，中间拱门描述的是耶稣在天庭的"最后审判"，拱门上面有圆形的玫瑰花窗，它的直径约 10 米，俗称"玫瑰玻璃窗"，这富丽堂皇的彩色玻璃刻画着一个个圣经故事，象征着圣母的纯洁，门洞被几层线脚层层包裹，在线脚上整齐地排列着圣徒雕塑，最上面一层是很高的尖塔，像尖笋一般直指蓝天。

巴黎圣母院内部并排着两列高达 24 米的柱子直通屋顶，两列柱子距离不足 16 米，而屋顶却高 35 米，创造众多垂直的线条引人仰望，从而形成狭窄而高耸的空间。教堂内部极为朴素和严谨肃穆，几乎没有什么装饰，数十米高的拱顶在幽暗光线下隐约而闪烁，加上宗教的遐想，给人以靠近天国的幻觉（图 3-17、图 3-18）。

巴黎圣母院闻名于世，是因为它是欧洲建筑史上一个划时代的标志。在它之前的教堂建筑大多拱顶沉重、柱子粗矮、墙壁厚实、空间阴暗使人感到压抑。巴黎圣母院冲破了旧的束缚，创造了一种全新轻巧的骨架券，这种结构使拱顶变轻，空间变高，光线充足，这种独特的建筑风格很快在欧洲传播开来。

3.2.2 德国科隆主教堂

科隆主教堂是德国科隆市的地标建筑，在科隆大主教霍赫斯塔顿（Konrad von Hochstaden）主持下，由建筑师格哈德（Gerhard von Rile）参照法国亚眠主教堂进行设计，1248 年动工开建，历经 600 余年，直到今天对教堂的修建工程依然没有间断。157 米的钟楼高度让它成为世界第三高的

左：图 3-17　巴黎圣母院飞扶壁
右：图 3-18　巴黎圣母院西立面　丁一平摄

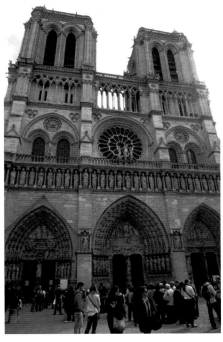

教堂和世界第三大哥特式教堂[①]（图3-19）。

科隆大教堂是以高塔为主门、内部以罗马式十字形平面为主体的建筑群。大厅高约42米，长约145米，宽约86米，面积7900平方米左右，整个建筑由刨光的石块砌筑，总重约16万吨，从建筑材料和工艺手法而言，它远胜于之前的哥特式教堂。

教堂中央是两座与门墙连砌在一起约16米高的双尖塔，是全欧洲最高的石筑双尖塔，四周林立着无数座小尖塔与双尖塔相呼应。教堂内有10座礼拜堂，中央大礼堂的穹顶高40多米，中厅部跨度约15米，是目前尚存的最高中厅。

教堂内彩色玻璃窗将教堂内部装饰得美轮美奂，墙壁上共有1万多平米的窗户，每个窗户上都绘有《圣经》里的人物和故事。在阳光照耀下，金光四射，耀眼夺目，教堂的彩色玻璃窗使教堂内部显得庄严、肃穆和神秘。而彩色玻璃窗只用了四种颜色来绘制：象征希望的绿色，代表仁爱的红色，寓意信仰的蓝色，还有象征着人们共有的天堂的金色。除了彩色玻璃窗外，教堂地面的彩绘和雕刻也十分精美，内部排列森然嶙峋的高大石柱，精致的屋顶和向上升腾的双塔显得气势凛然。

教堂双塔高达44米，且垂直于地面，在保证地基稳固的同时，又体现了哥特式建筑所具有的独特垂直效果，以当时的建筑技术和科技条件来说是十分困难的。为了能够在高高的塔顶上修建建筑，工匠是先修建柱子，然后在柱子上安装木制的起重机。今天人们已经无法看到那空中楼阁般的脚手架，但是从它长达14米的跨度就可以想象出这样一个高耸入云的细长建筑是怎样一点点

图3-19 教堂外立面

① 第一是塞维利亚主教堂，第二是米兰大教堂。

拔地而起，就如同一个奇迹（图3-20、图3-21）。

科隆大教堂以轻盈的体态、优雅的造型闻名于世，每一个去过教堂的人都会感叹其巍峨壮观，都会对当时的工匠产生敬仰之情，是他们不懈的努力造就了这一优秀的建筑，并将教堂的美示于后人。

3.2.3 意大利米兰大教堂

米兰大教堂位于意大利米兰市，是著名的天主教堂，也是世界上最大的哥特式教堂，其规模仅次于梵蒂冈的圣彼得大教堂。

教堂由德国、法国和意大利等国家的建筑师参与设计，历时五个多世纪才建造完成，因此，教堂的风格汇集了多种民族的建筑特色以及多个流派的建筑风格，包括哥特式、新古典式和巴洛克式。教堂上半部分表镀黄金，下半部分是典型的巴洛克式风格，从上到下满饰雕塑，精美华丽，是文艺复兴时期的代表建筑（图3-22）。

米兰大教堂整个由白色大理石砌成，是欧洲最大的大理石建筑之一，同时教堂也把哥特式建筑中雕刻和尖塔的特点表现得淋漓尽致。

米兰大教堂的顶部建有135座哥特式大理石尖塔，中间的塔最高108米，是15世纪由伯鲁涅列斯基（Filippo Brwnelle-schi）设计建造，塔顶上约4米高的圣母玛利亚铜像身裹金叶，在阳光照耀下金光闪闪。主教堂正面有12根大方石柱和5座重达37吨的大铜门。方形石柱上刻有几十幅大型浮雕和上百个人物。整座教堂共有白石雕像6000多座，其他各种雕像有6000多座，每个雕

上：图3-20（左）　西面主要入口上的浮雕
　　图3-21（右）　教堂中殿
下：图3-22　米兰大教堂

像各不相同，刻画得栩栩如生，大教堂的雕塑和装饰体现了巴洛克风格。大教堂顶端有一个类似于中国日晷的"太阳钟"，当每天中午阳光由屋顶射入教堂，正好落在金属条上，随着地球转动，可以准确显示出时间（图3-23、图3-24）。

意大利教堂不追求高度，也不强调垂直感，与德国的哥特式教堂完全是两种形式，它采用屏幕式山墙构图，屋顶平缓，由于不受高度的限制，因此很少用到飞扶壁。但米兰大教堂的大厅有着显著的哥特式建筑风格：中厅长而窄，约130米长，而宽最多60米，两侧支柱间距不大，形成自入口导向祭坛的强烈动态；中厅很高，顶部最高处距地面约45米。大厅被四排柱子分开，圣坛周围支撑中央塔楼的四根柱子，每根高40米，直径达10米，由大块花岗岩叠砌而成。四根柱子外包12根较小圆柱，每根小柱子加上柱头总高约26米，直径3.5米，这些柱子共同支撑着重达1.4万吨重的拱形屋顶。柱与柱之间有金属杆件拉结，形成5道走廊，尖尖的拱券在拱顶相交，如同自地下生长出来的挺拔枝杆，形成很强的向上升腾的动势。整个大厅可以容纳数万人，厅内全靠教堂大厅两侧的窗户采光，窗细而长，并嵌入了26扇世界上最大的彩色玻璃窗，上面画满了圣经故事，当阳光透过彩色玻璃窗照射进教堂时厅内装饰美轮美奂，让人们对神的敬仰油然而生。

教堂西端是仿罗马式的大山墙，众多垂直线条和扶壁将墙面分成五个空间和五扇铜门，左边第一个铜门用于展示君士坦丁皇帝的法令，第二个铜门讲述的是圣·安布罗吉奥的生平，第三个最大的铜门描绘的是圣母玛丽亚的一生，第四个铜门讲的是从德国皇帝菲德烈二世灭亡到莱尼亚诺战役期间米兰的历史，第五个铜门表现的是从圣·卡罗·波罗梅奥时代以来大教堂的历史（图3-25）。

米兰大教堂在宗教界的地位极其重要，著名的《米兰敕令》就从这里颁布，使得基督教合法化，成为罗马帝国国教，拿破仑也曾在这里加冕。米兰大教堂不仅仅是一个教堂，一栋建筑，更是米兰的精神象征和标志，也是世界建筑史上的奇迹。

上：图3-23　米兰大教堂壁画
下：图3-24（左）　米兰大教堂的彩色玻璃窗　丁一平摄
　　图3-25（右）　米兰大教堂内部　丁一平摄

3.3
西班牙伊斯兰建筑

在 8 世纪初，信奉伊斯兰教的摩尔人占领伊比利亚半岛[①]，建立倭马亚王朝，并从西亚带来当时先进的建筑类型、技术和手法，在 10 世纪后，伊斯兰国家被分裂，并被西班牙天主教徒逐个消灭。但伊斯兰的建筑，技艺高超，工艺水平和建筑结构水平远高于当时西班牙天主教地区，伊斯兰建筑不仅没有因为伊斯兰国家的分裂而消失，反而在西班牙国家很受欢迎，对西班牙建筑有很重要的影响。

伊斯兰建筑文化艺术包含了自伊斯兰教建教开始到现在的各种与伊斯兰教有关的建筑样式。这些建筑的类型包含有清真寺、伊斯兰教的墓穴、宫殿和要塞。除了这些纪念性以及用于教会活动性质的建筑外，还包括有大量民间世俗建筑，例如公共浴场、景观喷泉和一些室内建筑等。

3.3.1 科尔多瓦清真寺

科尔多瓦清真寺又名科尔多瓦圣母升天主教堂。罗马在 1238 年收复失地运动后，将清真寺改为天主教主教座堂，它是科尔多瓦最重要的地标建筑，与格拉纳达的阿尔罕布拉宫同为安达卢西亚建筑的代表（图 3-26、图 3-27）。

科尔多瓦清真寺在 793 年建成之后经过了多次改建。经过扩建和改建之后，科尔多瓦清真寺的北面大殿为主要建筑，东西长 126 米，南北宽 112 米，殿内装饰华丽，按南北轴线方向排列了间距不到 3 米的 18 排古典式柱子，高 3 米。柱子上承载两层用红砖和白云石交替砌成的马蹄形卷，具有明显的北非和埃及风格。圣龛前是国王礼

图 3-26　科尔多瓦清真寺内部 Timor Espallargas（巴西）

拜处，上面重叠分布是以复合卷形式构成的数层花瓣形卷，装饰性很强，显示了当时工匠的卓越技巧。

清真寺院子的三个方向都有门廊，院内有一个塔，与喷泉一样具有古典风格。建筑最突出的特点是解决了拱门直接支撑天花板这一技术难题，使用了两个阿拉伯式样的附加拱门，吸取了古罗马建筑早期的优点。马掌式的拱门上有大理石或砖楔形拱石，天花板上平贴着木制板。

① 又称比利牛斯半岛，位于欧洲西南角，是欧洲第二大半岛。

3.3.2 阿尔罕布拉宫

位于西班牙格兰纳达的阿尔罕布拉宫，是伊斯兰世界中保存得比较完整的一所宫殿。它建造在一个地势险要的小山上，周围丛林盘绕，并有一圈 3500 米长的红石围墙，沿墙耸立着高低错落的方塔，围墙南边的大门叫公正门，宫殿位于围墙北边（图 3-28）。

阿尔罕布拉宫以两个互相垂直的长方形院子为中心，南北向是著名的石榴院，主要用来进行朝觐仪式，整体感受比较肃穆。东西向的是狮子院，是后宫妃嫔的住处，装饰比较奢华。石榴园两侧是平滑整洁的墙，南北两端各有 7 间较窄的券廊，北端券廊后方是边长约 18 米的正方形正殿，厚重的正殿和纤细的券廊形成了鲜明对比。券廊内和正殿内的墙面上覆盖着典型的伊斯兰式图案，以蓝色为底色，间杂着金色、黄色和红色（图 3-29）。

狮子院内有一圈柱廊，由 124 根柱子不规则排列组成，柱头上架着华丽的马蹄形券。精美纤细的柱子使狮子院显得很娇媚，柱廊在阳光照射下形成而强烈动态感的光影变化。院子北边是妃嫔卧室，卧室后面有一个小花园，花园内有从山上引下来的泉水，泉水流经各个卧室，可以使房间在夏日降温消暑，泉水从各个卧室水渠流出来后汇集在一起又流进院子内的圆形水池，池子周

围雕刻着 12 只雄狮，狮子院正是因此而得名。水池四面的水渠分别象征着《古兰经》中应许给虔诚信徒们的水河、乳河、酒河和蜜河，是天堂里的"生命之源"。这种在院子中设十字形水渠，再汇集到院子中央水池的设计手法在穆斯林的花园中很常见（图 3-30）。

  阿尔罕布拉宫是木框架建筑，用灰土夯筑而成，柱子是用大理石建造，架在柱子上的券是木结构，在券上面镶着石膏雕刻装饰，色彩鲜艳，凡是在石膏块拼接的地方都用深蓝色涂抹来遮盖缝隙，并在上面涂一层蛋清用来防水。

  建造阿尔罕布拉宫的时候，统治西班牙的伊斯兰国家已经岌岌可危。因为伊斯兰王国的日渐没落，阿尔罕布拉宫内笼罩着哀伤和无可奈何的气氛，阿尔罕布拉宫中的艺术风格也受到了这种氛围的感染，显得奢华糜烂，纵然华丽炫目却依然能够感受到它的忧愁和哀伤。

  伊斯兰建筑样式是在罗马、埃及、拜占庭等建筑的基础上发展起来的。其建筑总是离不开重复、辐射、节律和有韵律的花纹装饰，圆顶也是伊斯兰建筑一个非常大的特色并在当时伊斯兰建筑中扮演了重要的角色，这种屋顶建造方式一直沿用了几个世纪。到 19 世纪，伊斯兰圆顶被融合到西方的建筑中，所以，西班牙的伊斯兰教建筑对欧洲各国文艺复兴时期的一些建筑形式都有很重要的影响。

上：图 3-29　阿尔罕布拉宫石榴院
下：图 3-30　阿尔罕布拉宫狮子院

　　1640 年开始的英国资产阶级革命标志着世界历史进入了近代
阶段。这个时期，欧美资本主义国家的城市与建筑都发生了各种
矛盾与变化。建筑创作中的复古主义思潮与工业革命带来的新建
筑材料和结构对建筑设计思想的冲击之间的矛盾，建筑师所受的
传统学院派教育与全新建筑类型和建筑需求之间的矛盾，以及城
市人口恶性膨胀和大工业城市飞速发展等变化，都在预示着这是
一个孕育建筑新风格的时期，也是一个新旧思潮并存的时期。

第4章
近代建筑
JINDAI JIANZHU

意大利文艺复兴建筑

文艺复兴建筑（Renaissance Architecture）是欧洲建筑史上继哥特式建筑之后出现的一种独特建筑风格。15世纪起源于意大利佛罗伦萨，后传播到欧洲各地，在理论上以文艺复兴思潮为基础，在造型上排斥象征神权至上的哥特建筑风格，提倡复兴古罗马时期建筑形式，特别是古典柱式比例、半圆形拱券、以穹隆为中心的建筑形体等。

文艺复兴时期主要哲学思想是人文主义，提倡以人为本，反对宗教对人的禁欲，提倡人性解放。在文艺复兴时期，文学绘画和雕塑等艺术都有了重大的发展，建筑的变革也是文艺复兴重要的组成部分，建筑不再崇尚神权，不追求近距离接触上帝和天堂，而是更具有世俗性和实用性。

4.1.1 佛罗伦萨主教堂

佛罗伦萨主教堂（也称圣母百花圣殿主教堂）建于1334—1420年，由建筑师阿诺尔福·迪坎比奥（Arnolfodi Cambio）设计，其穹顶是文艺复兴风格初期代表，佛罗伦萨主教堂穹顶的建成标志着意大利文艺复兴建筑的开始。

佛罗伦萨大教堂实际上是一组建筑群，由大教堂、洗礼堂和钟塔组成。教堂平面是一座三廊式长方形大厅，里面3个多边形的祭室呈放射状排列开来，虽然大体上还是拉丁十字式，但是已经突破了教会禁锢，将东边的祭坛设计成集中式，这是文艺复兴建筑在教堂建筑平面形式上的一个突破（图4-1）。

佛罗伦萨主教堂不像哥特式教堂那样有尖顶和扶壁，它的穹顶配合墙体呈现出一种悠然自得，稳重端庄的感觉；旁边的钟塔和精美的洗礼堂与整个教堂相得益彰。四层的钟塔高88米，洗礼堂高约31米，建筑外观端庄均衡，以白、绿色大理石饰面（图4-2）。

教堂穹顶的建成是当时建筑技术一大进步，是世界上最大的穹顶之一，也是在西欧第一个将穹顶建造在鼓座上的建筑，更主要的是伯鲁乃列斯基（Fillipo Brunelleschi）大胆采用罗马古典建筑的形式和方法，借鉴哥特式甚至阿拉伯建筑风格，体现了教堂宁静轻快的气氛。

穹顶起脚高于室内地面55米，顶端底面高91米。伯鲁乃列斯基当时在建造穹顶时参考了哥特式穹顶的做法，将穹顶轮廓做成双圆心的矢形，并使用了骨架券结构，圆屋顶直径约40米，

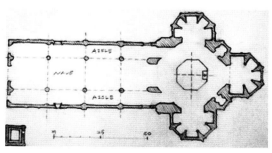

图4-1　佛罗伦萨大教堂平面图

上：图 4-2　佛罗伦萨大教堂　丁一平摄
下：图 4-3　佛罗伦萨主教堂穹顶　丁一平摄

穹顶分里外两层，中间空心，在减轻穹顶重量同时也使得结构更稳定。

　　穹顶被交错复杂的结构架起，上半部分用砖砌成，下半部分由石块砌筑。为突出穹顶，在穹顶下面修建了一个 12 米高的鼓座，鼓座架在八边形的 8 个券上，八边形的每个边上又各有两个次券，每两根主券之间由下至上水平地砌了 9 道平券把主券和次券连成整体。主次券在顶上由一个八边形的环收束，环上压采光亭，这样就形成了由大理石砌筑的稳定骨架结构（图 4-3）。

　　当时，天主教教会将集中式平面构图和穹顶看做异教教堂的建筑形式，建筑师和工匠们突破禁锢建成了这个教堂，是瓦解教会专制的一个标志。教堂借鉴拜占庭教堂做法，使用了鼓座把穹顶全部表现出来，成为整个城市轮廓线的中心，这在西欧是史无前例的，而教堂的精致程度和建筑技术均超过古罗马和拜占庭建筑。因此，佛罗伦萨主教堂穹顶的建成意味着文艺复兴建筑的开始，也是文艺复兴时期独创精神的标志。

圣彼得教堂位于梵蒂冈，是罗马基督教的中心教堂，它是欧洲天主教徒的朝圣地，是梵蒂冈罗马教皇的教廷，也是全世界第一大教堂。教堂最初是由君士坦丁大帝于公元326—333年在圣彼得墓地上修建，为巴西利卡式建筑。16世纪，教皇朱利奥二世决定重建圣彼得大教堂，在长达120年的重建过程中，意大利最优秀的建筑师伯拉孟特（Donato Bramante）、布拉曼特（Donato Bramante）、米开朗基罗（Michelangelo）和拉斐尔（Raffaello Sanzio）等相继主持过设计和施工，直到1626年才正式完成（图4-4）。

图4-4　圣彼得大教堂正面　丁一平摄

圣彼得大教堂的建筑风格具有明显的文艺复兴时期提倡的古典主义形式和巴洛克建筑风格，主要特征是罗马式圆顶穹窿和希腊式石柱及过梁相结合（图4-5）。

圣彼得大教堂外观壮丽宏伟，正面宽115米，高45米，以中线为轴两边对称，8根圆柱对称立在中间，4根方柱排在两侧，柱间有5扇大门，2层楼上有3个阳台，中间一个叫祝福阳台，只有重大宗教节日时教皇会在祝福阳台上露面，为前来的教徒祝福。

教堂平面类似于十字架形式，内部装饰华丽精美。现在看到的教堂大穹顶是米开朗基罗设计，廊檐上有11个雕像，中间的是耶稣基督。穹顶周长71米，直径约为42米，内部穹顶高约124米，教堂内部宽27.5米，高46米，整个教堂长140多米，穹顶外面采光塔上十字架高距地138米，是名副其实的罗马城最高点，构成了罗马城天际线，站在穹顶下仰望，可以感受到教堂的神秘庄严和人类的渺小。圣彼得大教堂比佛罗伦萨大教堂进步之处在于其穹顶更加整体而不是像佛罗伦萨大教堂穹顶那样用了8个肋骨架，它的穹顶更接近球体，在建筑艺术和施工技术方面也取得了更高成就（图4-6、图4-7）。

教堂从最初设计到完成，经过了多位大师参与，也因此闻名于世。伯拉孟特设计的教堂非常壮观，但内部一些功能区的分配以及空间利用等问题没有解决，他设计的只是一个宏伟造型。伯拉孟特去世之后，拉斐尔继续修改设计，要求利用原教堂的全部空间，做成拉丁十字空间尽可能多地容纳信徒。但工程因为宗教和政治原因停止施工长达20多年，1534—1546年重修工程由小桑迦洛（SanGallo）主持进行。1547年米开朗基罗继续主持教堂的重修工程，米开朗基罗基本恢复了伯拉孟特当时的设计，没有用拉丁十字形式。米开朗基罗认为伯拉孟特的设计是有条不紊的，使它能成为与周围建筑区分开来的出色建筑，他重新修建了穹顶，并将拉丁十字形式改成了集中式，这样使教堂外形看起来更加完整、雄伟壮观。

如果说佛罗伦萨主教堂吹响了文艺复兴建筑开始的号角，那么圣彼得大教堂就敲响了文艺复兴建筑落幕的钟声。从伯拉孟特到米开朗基罗，一代代的建筑师和工匠为了建筑结构做了一次又一次的努力，最终，这样一个集中式建筑以它恢弘的姿态成为一座象征人类伟大而进步的变革纪念碑。

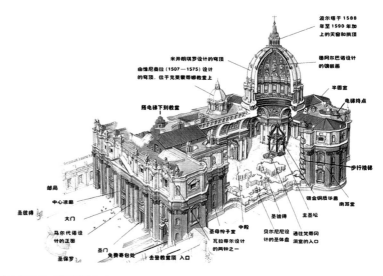

上：图4-5 教堂内部结构
下：图4-6（左） 教堂内部 丁一平摄
　　图4-7（右） 教堂内部穹顶 丁一平摄

4.1.3 圆厅别墅

圆厅别墅是 1550 年建造的一个庄园府邸，其设计师安德烈·帕拉第奥（Palladio Andrea）被认为是 17 世纪古典主义建筑奠基人，圆厅别墅是他设计的所有别墅中最有影响力的建筑，也是后世建筑的典范（图 4-8）。

圆厅别墅建在一块坡地高处，整体布局采用集中式，建筑十分对称，四个立面完全相同，每个立面都有 6 根爱奥尼柱支撑着上端的山花，门廊下是通向户外的台阶，门廊成为室内空间到室外空间的一个过渡空间，让建筑与周围的环境融为一体，给人一种纯洁端庄的美感。

圆厅别墅正中间是一个直径约为 12 米的圆顶，装饰极为华丽。圆厅别墅第一层作为可以会见宾客的公共空间。二层是居住空间，由平面图可见，楼梯隐藏在建筑结构内部。圆厅别墅结构严谨，建筑每个部分联系紧密又相互呼应，每个结构大小适中、主次分明，优美的柱廊弱化了方形构图的单调。圆厅别墅从平面图上看，围绕着中间圆形大厅的房间完全对称，就连四面的入口也都一模一样（图 4-9）。

圆厅别墅达到了造型的高度协调，整座别墅由最基本的几何形体方、圆、三角形、圆柱体、球体等组成。装饰简洁干净、构图严谨，各部分之间联系紧密，大小适度、主次分明、虚实结合。几条主要的水平线脚的交接，使各部呈现出有机性，绝无生硬之感。

帕拉第奥将古典建筑发扬光大，融合了文艺复兴建筑的特点，体现了建筑很强的逻辑性和典雅体态，他常用的立面构图是将建筑的上下和左右分为几段，中间的一段为主，这也是文艺复兴建筑与古典建筑的主要区别，这也是 17 世纪之后的古典主义建筑构图的主要形式。他认为建筑的美来自

图 4-8　圆厅别墅

建筑形状、建筑整体和局部比例以及局部与局部的比例，还认为正方形和圆形是最优美最完美的形状（图4-10）。

　　著名建筑评论家罗小未先生曾这样评论过圆厅别墅，虽然别墅在外部整体形态上有着绝对严谨构图，但内部功能分布绝大部分是服从着外部形态，因此存在一些功能的分布不是很合理，而集中式构图应用到居住建筑中，严谨的四面对称伤害了居住功能，但形象上的主宰四方之感吸引了后来不少追随者。圆厅别墅室内基本是由二维透视的壁画来装饰，这些壁画使不太灵活的室内空间变得更加丰富。

　　圆厅别墅是帕拉第奥的传世佳作，他借鉴了古典建筑的比例关系，将古典建筑特有的美与当时的哲学思想很好地结合在一起，创造出一个世俗活动的理想地，建造了一个高雅和谐的建筑艺术精品。这种逻辑性强、结构严谨的对称手法也被称为理性主义处理手法。

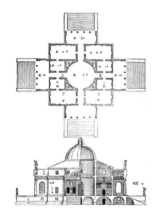

上：图4-9　圆厅别墅的平面图与剖立面图
下：图4-10　圆厅别墅图片

法国建筑

在 17 世纪到 18 世纪初法国路易十三和路易十四专制王权极盛时期，开始竭力崇尚古典主义建筑风格，建造了很多古典主义风格的建筑。这一时期法国王室和权臣建造的离宫别馆和私家园林，为欧洲其他国家所仿效。法国古典主义建筑代表作品有巴黎卢浮宫、凡尔赛宫和巴黎荣军院新教堂等，这些大多是规模巨大、造型雄伟的宫廷建筑和纪念性广场建筑群，其造型严谨，装饰华丽，普遍应用古典柱式。

4.2.1 法国凡尔赛宫

凡尔赛宫（Versailles）位于法国巴黎的凡尔赛镇，它作为法兰西宫廷长达 107 年（1682—1789 年），在建造凡尔赛宫时（1624 年）法国正处在封建专制统治鼎盛时期，经济发达、科技进步；凡尔赛宫的成功建造，体现了当时法兰西共和国专制政体的强大力量。

孟莎（Jules Hardouin Mansart）设计的凡尔赛宫立面采用了标准的古典主义三段式手法，建筑立面同整个园林一样也是轴对称形式，整个建筑看上去雄伟庄严、华丽却充满逻辑性。宫殿主体长 700 多米，以王宫为中心，两翼分布着宫室、教堂和剧院等，园中水源是开凿了两条几千米外运河引来的河水，在凡尔赛宫自西向东伸展 3000 米的中轴线上分布着十字形水渠、阿波罗水池、雕塑、喷泉、花坛草坪等景观元素（图 4-11）。

凡尔赛宫的园林设计也是理性主义的代表，而在凡尔赛宫宫殿内的装饰大多是巴洛克风格，部分装饰是洛可可风格，非常富丽堂皇。虽然过分追求奢华以至于宫殿的居住功能极为不合理，但凡尔赛宫内装饰艺术的成就是无可匹敌的。宫殿内的房间被装饰得金碧辉煌，内部墙壁装饰多

图 4-11　凡尔赛宫全貌[1]

---

[1] 来源《社会历史博物馆》

以雕刻、油画以及大型挂毯为主，宫中各处都摆放着造型优美的古典家具，还有世界各地的艺术珍品，包括中国的精美瓷器等，宫殿顶上是精美的绘画和浮雕（图4-12）。

　　凡尔赛宫正宫的正前面就是路易十三时期勒诺特（Andre Le Notre）在原有狩猎庄园的基础上进行重新设计修建的凡尔赛宫园林。这个园林与中国古典园林是完全不同的风格，中国的古典园林崇尚自然之美，而凡尔赛宫的园林完全是人工雕琢的，讲究极端的几何形体（图4-13）。

　　虽然凡尔赛宫完美的建筑造型和不实用的内部功能，是古典主义建筑自身所存在的矛盾，也是古典主义建筑功能无法追随形式的一个弊端，但其园林布局对后来的欧洲城市规划有很重要的影响。在之后的几百年间，欧洲皇家园林的建造几乎都参照了它的设计思想（图4-14）。

上：图4-12　凡尔赛宫内部的大理石厅
中：图4-13　凡尔赛宫前的花园　丁一平摄
下：图4-14　凡尔赛宫外立面

荣军院新教堂（又称残疾军人新教堂），建于1671—1676年期间，位于塞纳河左岸，是法国国王路易十四下令建造的专门收容受伤或退役伤兵的大规模建筑群，也是法国首座为皇室军队所建的医院，是路易十四时期军队的纪念碑。目前，伤兵院中的建筑还包括军械博物馆，收藏着自专制帝王时期至第二次世界大战所使用的各式武器、地图和战地生活装备。

教堂是为收容残疾军人建造的，目的是为了纪念"为君主流血牺牲"的士兵。新教堂在旧的巴西利卡式教堂南端，平面呈正方形，建筑顶部用有力的鼓座高高举起饱满有力的穹顶，构成了集中式纪念碑。中央顶部覆盖着有3层壳体的穹窿，外观呈抛物线状，略微向上升起，顶上还开了一个文艺复兴时期惯用的采光亭。穹顶下的空间是由等长四臂形成的希腊十字，四个角上是4个圆形祈祷室。新教堂立面紧凑，穹窿顶端距地面100多米，是整座建筑的中心，方正的教堂本身看起来像是穹窿顶的基座，更增加了建筑的庄严气氛。教堂内部明亮，装饰很少，没有外加饰面。柱式组合表现出严谨的逻辑性，脉络分明，庄严而高雅，没有宗教的神秘感和献身精神。这座简单典雅的建筑不但是巴黎俊美而特殊的纪念式建筑物，也是法国军事传统和爱国精神的象征（图4-15、图4-16）。

这座教堂自路易十四时代开始就被称为法国建筑的典型和杰出代表，更是古典主义建筑的代表，从中可以看到古典主义建筑对建筑形式美的追求，符合逻辑和理性，但也因此导致了一定的局限性——少了建筑灵动的热情，更多的是逐渐僵硬的一成不变的比例。

左：图4-15　荣军院新教堂
右：图4-16　荣军院新教堂穹顶内部　丁一平摄

英国哥特式建筑出现比法国稍晚，流行于12—16世纪，较低矮，不求高大，往往位于开阔的乡村环境中，也不像法国教堂那样重视结构技术，但装饰更自由多样，因此很难找到统一的风格。

英国最早的哥特式建筑是坎特伯雷大教堂以及威斯敏斯特宫，许多哥特式建筑的风格是由罗马式建筑自然发展而来。同欧洲其他国家哥特式建筑相比，英国哥特式建筑是通过棱角分明的拱、拱顶、拱璧、大窗户以及尖顶来定义的，教堂建筑在平面十字交叉处的尖塔也很高，往往成为构图中心，而西面的钟塔则退居次要地位。

4.3.1 圣保罗大教堂

圣保罗大教堂位于伦敦泰晤士河北岸纽盖特街与纽钱吉街的交汇处，是世界第二大圆顶教堂，仅次于罗马圣彼得大教堂，是17世纪英国古典主义建筑代表。圣保罗大教堂最早建于604年，为哥特式教堂，之后由克托弗·雷恩（Christopher Wren）重新设计建造，于1710年完工。圣保罗教堂是伦敦旧城的重要标志，其高大的圆顶构成了伦敦天际线，代表了英国建筑史上的辉煌篇章（图4–17、图4–18）。

左：图4-17　圣保罗大教堂内部
右：图4-18　圣保罗大教堂的穹顶

教堂平面是一个拉丁十字式的建筑，西立面为哥特式建筑风格，内部宽敞宏大，总长约140米，巴西里卡宽约30米，穹顶内部高65米（图4-19）。大穹顶落在鼓座上，鼓座通过帆拱落在8个柱墩上，穹顶有3层，内直径约有30米，虽然由砖砌成，但厚度只有46厘米，穹顶最外面一层是木构架，是所有古典穹顶教堂中最轻的一个。承接穹顶的鼓座分为两层，内层鼓座略呈锥柱状，这样的形状能更有效地减少穹顶对鼓座的水平推力，鼓座外层柱廊利用了哥特式建筑飞券原理来减少穹顶的水平推力。穹顶顶端有一个重约850吨的采光亭，为了不让采光亭的重量完全落在穹顶上，雷恩在采光亭与内外两层穹顶之间用砖砌了一个厚度为46厘米的圆锥形筒（图4-20）。

教堂的室内设计是古典主义与巴洛克风格的混合体。3个碟形穹顶体现了古典主义的节制，装饰干净利落，为室内空间创造出一个统一的节奏。厅里的柱廊是古罗马风格的大理石装饰，歌坛的处理是巴洛克手法。大教堂主穹顶的4个方向延伸都有小穹顶与之相呼应，空间形象丰富，产生了空间流动的效果。

严谨的结构是圣保罗大教堂的主要成就之一，它的结构比圣彼得大教堂轻，而鼓座也是文艺复兴以来最轻的一座。教堂外观是具有纪念性的构图，立面保持了古典主义的纯正，惯于把建筑立面水平划分是英国建筑的一大特色，开间一致，构图单纯而简洁。

圣保罗大教堂具有古典建筑的庄严，在建造上又采用了巴洛克艺术手法，使得整个设计优雅高贵，而内部又显得静谧安详。圣保罗大教堂在继承传统基础上又做出了大胆创新，成为英国资产阶级革命的丰碑。

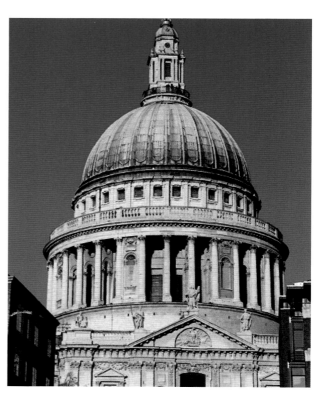

左：图4-19　圣保罗教堂平面图
右：图4-20　圣保罗大教堂南立面

4.3.2 大英博物馆

大英博物馆（又称大不列颠博物馆）位于伦敦鲁塞尔大街，最早建于 1753 年，1759 年对公众开放，是世界上规模最大的博物馆之一，是希腊复兴式风格建筑。

当时，很多建筑师都开始将古典形式简化，追求简洁为美。而博物馆设计者罗伯特·斯梅克（Robert Smirke）对于博物馆南立面的设计显然是与当时主流设计思想背道而驰的，虽然设计的争议很大，但也引起了当时众多学者对古典形式的思考和探索（图 4-21）。

大英博物馆南立面是单层的爱奥尼柱廊，其构造显得端庄典雅。柱廊上装饰着带有以人物为主的浮雕山墙屋顶，这是典型的希腊古典建筑式样（图 4-22）。博物馆建筑面积约 10 万平方米，其中展厅约 6 万平方米，剩下 4 万平方米为图书馆。博物馆建筑由四翼组成，这四翼围合成一个长方形的庭院，专门展出地方收藏品、古埃及艺术品以及大理石艺术品等，北翼和东翼为图书馆，其中东翼为皇家阅览室（图 4-23）。由于当时建造技术有了很大的发展，铁制构建已经运用到了建筑构架当中（图 4-24）。

2003 年大英博物馆建成 250 年之际，伦敦建筑师诺曼·罗伯特·福斯特（Norman Robert Foster）重新设计了博物馆的大庭院，将其设计为一个巨大的半透明屋顶。这是英国最大的有顶广场，在庭院中间是一个原本属于英国图书馆的圆形阅览室，这个广场顶部由 1 656 块形状奇特的玻璃片组成。

大英博物馆是一座艺术与历史的博物馆，由于建造时期比较早，其外形和布局几乎成为了博物馆的一种标准模式，之后的博物馆建筑对此争相竞仿。大英博物馆是一个非常具有文化底蕴，同时又很具现代感的建筑，它既体现一个时代的特征，同时也展示了英国人精于利用，善于创新的民族特点。

上：图 4-21（左）　大不列颠博物馆
　　图 4-22（右）　外立面柱廊
下：图 4-23（左）　博物馆中庭内阅览室
　　图 4-24（右）　钢架结构

4.3.3 英国国会大厦

英国国会大厦（Houses of Parliament）也称威斯敏斯特宫（Palace of Westminster），位于伦敦威斯敏斯特市的泰晤士河畔西岸，始建于公元750年。现今的宫殿基本上修建于1840—1860年间，为查尔斯·伯瑞（Charles Barry）所设计，但依然保留了初建时的许多历史遗迹，如威斯敏斯特厅（可追溯至1097年）。大厦的建筑外形是晚期哥特式和传统都铎式的结合，在哥特式的外表下还拥有古典式内涵，被认为是浪漫主义建筑的代表作。1987年被列为世界文化遗产（图4-25）。

英国国会大厦内现存最古老的部分是威斯敏斯特厅，是当时欧洲最大的厅室，长约73米，跨度达21米，其在1834年、1941年曾两次发生大火，原有建筑大半被烧毁，在第二次世界大战中又遭空袭摧毁，于1950年重新修复并开放，包括南侧河畔的维多利亚塔花园也作为公园对公众开放。

国会大厦平面沿泰晤士河南北向展开，入口位于西侧，特别是它沿泰晤士河的立面，平稳中有变化，协调中有对比，形成了统一而又丰富的形象。内部正中是八角形中厅，由此形成南北和东西两条轴线。在中厅之上矗立着一座91米高的采光塔，构成了整个宫殿的垂直中心，由中厅向南通上议院，向北达下议院。在两院大厅和走廊里陈设许多以历史和神话故事为题材的大幅壁画和雕塑。

现国会大厦约有1100个独立房间、100座楼梯和4.8公里长的走廊和14个大厅。大厦分为四层，首层有办公室、餐厅和雅座间，二层为宫殿主要厅室，如议会厅、议会休息室和图书馆，从南向北依次呈直线分布的是皇家画廊、上议院、贵族厅、中央室、议员堂和下议院等，而顶部两层为办公室。

在国会大厦南端是巨大而高耸的维多利亚塔，高102米，全石结构，用来存放议会的文件档案。建筑东北角钟楼高97米，打破了宫殿平直的轮廓线，顶端的大钟四面各有直径约为7米的圆盘，用312块乳白色玻璃拼镶，时针长2.7米，分针长4.2米，摆重305千克，总重21吨多，由本杰明爵士（Sir John Betjeman）监制，故被命名为"大本钟（Big Ben）"（图4-26）。

国会大厦是英国浪漫主义建筑的代表作品，也是大型公共建筑中第一个哥特风格的复兴杰作，是当时浪漫主义建筑兴盛时期的标志。建筑整体造型和谐融合，充分体现了浪漫主义建筑风格的丰富情感，是维多利亚哥特式的典型代表。

左：图4-25 英国国会大厦
右：图4-26 国会大厦的大本钟 作者摄

4.4
德国柏林宫廷剧院

柏林宫廷剧院其前身是普鲁斯宫廷剧院，后改称国王剧院，1919 年后成为德国国家歌剧院。柏林国家歌剧院是欧洲历史最悠久的歌剧院之一，由著名的古典复兴建筑师卡尔·弗里德里希·申克尔（Karl Friedrich Schinkel）设计（图 4-27）。

剧院整体构图富有层次，且主次分明，建筑立面有很多窗户，墙面较少，剧院平面呈长方形，长立面结构简洁，只有中央凸出部分有壁柱。剧院入口前有宽大的柱廊，由 6 根爱奥尼柱子和柱子上巨大的山花组成，在剧院主入口前有一座白色大理石雕塑，是德国伟大的戏剧家、诗人席勒的雕像（图 4-28）。剧院内观众厅的整体造型新颖，细部装饰精致，建筑两旁的侧翼使主体部分显得更加高大。

1951—1955 年原东德政府修复了 1945 年毁于战火的剧院，并于 1955 年重新启用。新修复的剧院是典型的巴洛克式建筑，无论外形还是内部装饰，都有很浓重的德国风格。

重建后的剧院外观端庄大方，希腊式的主立面，上有浮雕和塑像，剧院内部主要分为宴会厅（阿波罗厅）、剧场（三层楼座）和舞台前后连贯的三大空间，存衣厅和饮料室改到了地下层，阿波罗厅改建成了豪华的休息厅和音乐厅，大厅以白色为主，饰以金色，上面悬挂着巨大的枝形水晶吊灯，典雅和谐，为剧院增色不少。剧院后还设有办公大楼和布景大楼，观众大厅由三层楼座组成，其布置金碧辉煌（图 4-29）。

图 4-27　柏林宫廷剧院　作者摄

在当时，德国经济复苏，资产阶级变得逐渐强大起来，德国一些大城市在这一时期建造了许多具有纪念意义的建筑，而柏林宫廷剧院就是德国古典复兴建筑的代表。

上：图 4-28　柏林宫廷剧院夜景

下：图 4-29　柏林剧院细节图

4.5
美国芝加哥家庭保险公司大厦

图4-30　当年的芝加哥家庭保险公司大厦

芝加哥家庭保险公司位于美国伊利诺伊州的芝加哥。1885年，芝加哥学派创始人威廉·勒巴隆·詹尼（William Le Baron Jenne）建成了这座砖墙框架和铁制梁柱相结合的10层高楼，成为了芝加哥学派建筑的代表作。

芝加哥学派是美国最早的建筑流派，也是现代建筑在美国的奠基者。芝加哥学派的主要特点是突出功能在建筑设计中的主要地位，明确提出形式服从功能的观点，力求摆脱折衷主义的羁绊，探讨新技术在高层建筑中的应用，强调建筑艺术与应用及反映新技术的特点，主张简洁的立面以符合工业化时代精神。芝加哥学派不再拘泥于文艺复兴以来的古典形制，从实用出发，以矩形立方体为主。

作为现代主义的前身，芝加哥学派也并未一蹴而就，还是有一定的传承性。比如，芝加哥学派风格的高楼一般可以比作古典柱式，一、二层好比柱基，比一般层高要高一点，外墙用粗重砖石贴面，有时还有仿古典装饰。中间楼层是柱身，只有简单的网格立面，层高没有底层高，也没有太多装饰。顶层好比柱顶，通常有一个向外延伸像花冠一样的檐部，有一些仿古典花饰，作为垂直方向上的收笔，其早期有用全砖结构，但不久就转为用钢铁框架加砖贴面作为基本承力结构。其建筑造型方面的重要贡献是创造了以大玻璃开间为特点的"芝加哥窗"，以形成简洁的建筑立面风格。

芝加哥家庭保险公司大厦[1]通常被认为是世界第一栋高层建筑。在结构上，底下两层是花岗岩承重结构；从第二层顶端到第六层是用铸铁柱和锻铁梁支起的框架，加以砖隔墙；从第六层楼到顶层，詹尼使用了新兴起的钢梁代替了锻铁梁，砖石柱不再承受主要荷载，成为表示结构的外装。整个建筑的重量由金属框架支撑，圆形铸铁柱子内填水泥灰。1～6层为锻铁工字梁，其余楼层用钢梁，标准梁距约1.5米，支撑砖拱楼板。窗间墙和窗下墙为砖石构造，像幕墙一样挂在框架之上。1853年奥蒂斯发明了载客升降机，解决了垂直方面的交通问题。这些为高层建筑发展奠定了必要的技术基础。框架结构最初在美国得到发展，其主要特点是以生铁框架代替承重墙，外墙不再担负承重的使命，从而使外墙立面得到了解放，在新结构技术的条件下，建筑在层数和高度上都出现了巨大的突破（图4-30）。

芝加哥家庭保险公司大厦是第一座依照现代钢框架结构原理建造起来的高层建筑，运用了钢铁、装饰砖与赤陶等建筑材料。虽然在外观上，这幢大楼的大量组成元素并没有清楚地表达出结构的根本性质和内部的使用形式，但这座钢骨架的建筑却充分展示了高层建筑的发展潜力。

---

① 1931年被拆除。

4.6
中国近代建筑

　　以1840年鸦片战争为标志，中国步入了半殖民地半封建的近代社会，中国近代建筑历史进程，也由此被动地在西方建筑文化的冲击、激发与推动之下展开了。一方面是中国传统建筑文化的继承，另一方面是西方外来建筑文化的传播，这两种建筑文化互相作用、碰撞、交叉和融合，使得中国近代建筑历史呈现出中与西、古与今、新与旧多种形式并存与交融的错综复杂状态，中国近代建筑正是这种多元文化的历史见证。

4.6.1　上海汇丰银行

　　现在看到的上海外滩汇丰银行建于1921—1923年，由英商公和洋行设计，整栋建筑耗资1000多万元，被称为"从苏伊士运河到白令海峡最豪华的建筑"（图4-31）。

　　汇丰银行大楼主体高5层，中间高7层，另外还有地下室，建筑面积3.2万平方米，在当时是东亚最大的银行大楼。这座大楼建筑形式对称庄重，表面贴花岗石，给人以稳重坚固之感。建筑形式采用西方古典主义形式，建筑正中高，两翼低，以一个半圆球形成构图中心，纵横均可以分

图4-31　上海汇丰银行大楼　作者摄

图4-32 汇丰银行穹顶的壁画

为三部分，纵向是上中下三个部分，上面是第5层以上，中部是2至4层，下层较高，几乎占一层半的高度。这种构图关系就是西方古典主义构图中"三段式"法则，以严格的1：3：2的比例关系构成。横向所分的三部分则是中部双柱廊和两翼，它们的比例关系是2：1：2，这种布局重点突出，主次分明。

主体部分罗马式圆顶下面各层，始终保持圆厅形式，一直到底层大厅。主体立面下部是3个古典主义罗马式拱门，拱洞为圆拱直径的两倍，在这上部的双柱廊以6根科林斯柱式巨柱构成，立面凹凸分明，富有雕塑感。银行大楼内部装修品质十分高雅，装修材料选用大理石、黄铜等经久耐用的建筑材料，施工讲究，结构严谨，所以大楼直到现在还基本上保存得完好如新（图4-32）。

汇丰银行的建筑不但体量巨大（当时所有外滩建筑中规模最大的一座），而且形式雄伟，被称为远东第一豪华银行，在旧中国的银行中，没有任何一家银行可以与它相匹配。

4.6.2 广州中山纪念堂

广州中山纪念堂坐落在孙中山就任中华民国大总统时的总统府旧址，现位于广东省广州市东风中路北侧的越秀山南麓，是一座体形高大、气韵恢弘的八角形殿堂式建筑，由著名建筑师吕彦直设计，1931年建成（图4-33）。

广州中山纪念堂是民国时期中国最大的会堂建筑，也是将中国传统建筑形式应用于大体量会堂建筑大胆而成功的作品。纪念堂建筑吸收了我国传统建筑的优秀元素，整体呈现恢宏壮观、金碧辉煌的特点，从屋头檐角到细部装饰均体现了这一特质。纪念堂除了沿中轴对称分布的设计思想外，最大的特点就是依山而建，在序列上突破了中国传统"前碑后堂"的形制，使建筑整体显得既气势雄伟，又错落有致。

纪念堂坐北向南，造型比例协调，庄严宏伟，建筑面积约为 3700 平方米，高 49 米，由前后左右 4 个重檐歇山顶抱厦①建筑组成，就像 4 层卷叠的龙脊组成的一个整体，烘托着中央的八角攒尖②式巨顶，总高达 56 米，重檐歇山顶下为 4 个高大的门廊，八角顶下为带有楼座的大厅，大厅北面是舞台。

纪念堂内部结构独特，在墙体内的 8 个钢筋混凝土巨柱支承着 4 个跨度约为 30 米的大型钢桁架，上面再支托着 8 个主桁架，构成犹如一把巨型伞面般的八角形顶盖结构，尽管由于钢桁架跨度大

① 抱厦是指在原建筑之前或之后接建出来的小房子。
② 攒尖是指平面为圆形或多边形，上为锥形的屋顶。

而形成较大的内部空间，但室内的采光、空气流通和回音混响控制等问题都得到了巧妙的解决（图4-34）。

　　广州中山纪念堂建筑单体设计以中式为主，西式为辅，采用西方先进钢结构建筑技术，挑选国内外最好的建筑材料，使用最先进的建筑工艺，突破了大空间建筑受中国传统木结构的限制，创造性地运用中国古建筑手法，将一系列建筑构件精妙地组合在一起，并大量使用寓意深刻的象征图案，这种中西合璧的建筑形式，充分体现了建筑的精神美和技术美。

4.6.3 南京博物院

　　南京博物院位于江苏省南京市紫金山南麓，占地8.3万多平方米，其前身是国民政府教育部1933年始创的国立中央博物院，是中国第一所由政府兴建的现代综合性大型博物馆（图4-35）。

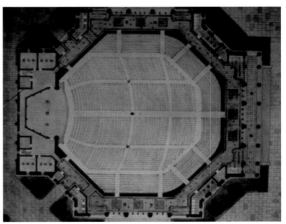

左：图4-33　广州中山纪念堂
右：图4-34　广州中山堂平面图

博物院当时作为全国唯一一座仿照欧美一流博物馆建造的现代综合性大型博物馆，直属于国民政府教育部。博物院由徐敬直和李惠伯设计，梁思成和刘敦桢任监管和设计顾问。采用辽代建筑风格，主体包括大殿、露台和配殿三部分。建筑面积为2.3万平方米。该馆位于博物院内大草坪尽头的三层白色石台上，九开间仿辽庑殿上敷棕色琉璃瓦，屋面平缓，斗栱粗壮，从正面可以远望到紫金山（图4-36）。

博物院建筑设计以仿辽建筑形式为主，力图体现中国早期建筑风格，以弘扬中华民族传统精神文化，同时区别于周围其他几幢大屋顶仿古建筑。辽式建筑继承了唐代传统，又富有变化，主要表现为造型朴实雄浑，屋面坡度平缓，立面上柱子从中心往两边逐渐加高，使檐部缓缓翘起，减弱了大屋顶的沉重感，尤其是屋顶下简洁而粗壮有力的斗栱能起到结构受力的作用，不像明清时期的斗栱装饰意味浓厚而受力性较差。

上：图4-35 南京博物院
下：图4-36 南京博物院

博物院总体布局强调深层次的轴线对称，主体建筑离主干道较远，主建筑前面留下宽敞的空间用作草坪、广场和绿化带，大殿前建有宽大的三层平台，可以衬托主体建筑的雄伟高大。大殿仿辽代蓟县独乐寺山门形式，其结构多按《营造法式》设计，某些细部和装修兼采唐宋遗风。大殿布局为七开间，屋面为四阿式[①]曲面坡，上铺棕黄色琉璃瓦，做成平屋顶，外墙加中国古典式挑檐，使之与大殿风格相协调。整座建筑设计科学合理，比例严谨，在满足新功能的要求下，采用新结构、新材料建造，是仿辽式殿宇中的优秀建筑（图4-37、图4-38）。

南京博物院是我国最早创建的博物馆之一，新中国成立60年来，原博物院留下的残存建筑已被重新修缮装饰一新，屋顶铺盖金黄色琉璃瓦，添砌仿汉阙大门。大殿前的月台，衬托出仿辽式宫殿建筑陈列大殿的端严和壮观。时至今日，该博物馆已是一座大型综合性省级历史艺术博物馆、国家一级博物馆，也凭借其悠久的历史、独特的建筑风格和丰富的收藏成为了南京市的一道亮丽风景。

---

① 四阿指屋宇或棺椁四边的檐，可使水从四面流下。

　　19 世纪出现在建筑领域的变化，就深度和广度在建筑历史上都是空前的，这是一场由产业革命引起的建筑革命。进入 20 世纪后，这种变化继续进行着，并且扩散向世界更多地区。

　　第一次世界大战后，欧洲的政治、经济和社会思想等因素对建筑学领域改革创新有着重要影响。战后初期欧洲各国经济萧条的状况，促进了建筑形式讲求实效的倾向，抑制了片面追求形式的复古主义趋势。工业和科学技术的发展，建筑材料、结构和设备方面的创新，带来了更多新的建筑类型，并且不断要求建筑师突破陈规。更重要的是，第一次世界大战的惨烈和俄国十月革命的成功在世人心理上引起强烈震撼。人心思变，大战后社会思想意识各个领域内都出现了许多新学说和新流派，建筑界也是思潮澎湃，新观念、新方案、新学派层出不穷。

第 5 章
现代主义建筑①
XIANDAI ZHUYI JIANZHU

① 在本书中用"现代主义建筑"或"现代派建筑"是指在 20 世纪 20 年代形成的现代主义建筑。

新建筑的探索

20世纪初期，现代建筑曾经被称为新建筑（New Architecture），由于社会生产急剧发展和科学技术飞速进步，建筑摆脱了技术和形式的限制，特别是钢筋混凝土材料的广泛应用，促使建筑形式探索新材料与新结构的结合，其中德、法、英、美等国的建筑最具代表性。

5.1.1 格拉斯哥艺术学校

格拉斯哥艺术学校（Glasgow School of Art）创立于1845年，位于苏格兰格拉斯哥市中心，学校主楼由英国著名建筑师麦金托什（Charles Rennie Mackintosh）设计，该校的建筑学专业在国际上声誉卓越，也是英国仅有的最古老的几所独立艺术学院之一。

格拉斯哥艺术学校由美术学校、设计学校和建筑学校三个部分组成。在格拉斯哥艺术学校设计中，随处可见抽象的几何形体，立体感强，从建筑外观到室内再到家具设计，整体统一、简洁。建筑的抽象几何形体也预示了现代设计运动的到来，这与新艺术运动和工艺美术运动中反对使用直线，提倡使用曲线的观点截然不同。

纵横线条的应用是麦金托什区别于新艺术运动的最大特点。这种简单纵横直线的应用在格拉斯哥艺术学校得到了完美体现，无论是建筑外立面还是室内装饰及家具设计都大量采用了这种纵横直线。格拉斯哥艺术学校西立面与东立面最大区别在于西立面更趋向于麦金托什成熟的风格，尤其是两层高大窗户的应用，使得两层高的图书馆显得更为时尚，阳光透过高大的窗户折射到室内，使内部空间沐浴在明媚的阳光里（图5-1、图5-2）。

另外，麦金托什通过格拉斯哥艺术学校的建筑理念提倡使用新材料，主张采用玻璃和铁架来减少建筑物中的可见结构，把形体美和功能性置于同等重要的位置，同时，还考虑周围环境对设计的影响。在这一时期，功能主义者所追求的功能和简洁还未开始流行，麦金托什却在格拉斯哥艺术学校提前实现了这种功能主义的追求（图5-3）。

图5-1　格拉斯哥艺术学校东立面　作者摄

格拉斯哥艺术学校实现传统与现代、民族与国际、形式与功能的巧妙融合，它不仅是麦金托什成熟设计的体现，也是功能性、精神性、文化性的高度统一，具有深远的影响力，为后代建筑师所崇拜。

5.1.2 米拉公寓

西班牙巴塞罗那市坐落着一座现代化风格的楼房——米拉公寓（Casa Milà），它以怪异的造型而闻名于世，是西班牙建筑设计师安东尼·高迪（Antoni Gaudí）为实业家佩德罗·米拉（Pedro Mira）所设计建造，1984 年被评为"世界文化遗产"，它形状怪异、造型奇特的特点吸引了世人的眼球（图 5-4）。

米拉公寓位于街道转角，地面以上共六层（含屋顶层），建筑墙面凹凸不平，屋檐和屋脊有高有低，呈曲线形，屋顶高低错落，到处可见蜿蜒起伏的曲线，整座大楼宛如波涛汹涌的海面，富于动感。波浪形的外观由白色石材砌出的外墙、扭曲回绕的铁条及铁板构成的阳台栏杆和宽大的窗户所组成。

公寓屋顶上还有一些奇形怪状的烟囱和通风管道，有的像披上全副盔甲的士兵，有的像神话中的怪兽，有的像教堂的大钟。米拉公寓平面布置也不同一般，墙线曲折弯扭，房间平面的形状也几乎全是"离方遁圆"，没有一处是方正的矩形。公寓的每一户都能双面采光，光线由采光中

上：图 5-2（左） 格拉斯哥艺术学校西立面 作者摄
　　图 5-3（右） 格拉斯哥艺术学院入口
下：图 5-4 米拉公寓 丁一平摄

庭和外面街道进来，房间的形状也几乎全是曲线形设计，天花板、窗户、走廊都很少有正方的矩形。

米拉公寓里外都显得有些怪异，甚至有些荒诞不经，但高迪却认为，这是他建造的最好的房子，因为那是"用自然主义手法在建筑上体现浪漫主义和反传统精神最有说服力的作品"。

公寓设计的特点是建筑物的重量完全由柱子来承受，没有主墙，不论是内墙或外墙都没有承受建筑本身的重量，所以内部的住宅可以随意隔间和改建，也不用担心建筑物会塌下来，从而可以设计出更宽大的窗户来保证每个公寓的采光。顶楼阳台有 30 个奇特的烟囱，2 个通风口和 6 个楼梯口，用来调节温度（图 5-5、图 5-6）。

高迪在建筑艺术探索中勇于开辟新道路，他以浪漫主义的想象极力使塑性艺术渗透到三维空间建筑中。他在米拉公寓设计中，将伊斯兰建筑风格与哥特式建筑结构相结合，采取自然的形式精心去探索其独特的可塑性建筑楷模。米拉公寓不仅在于它造型上的独创性和独特的美感，也是实用意义上的成功范例，是 20 世纪最杰出的建筑之一。

上：图 5-5　米拉公寓屋顶　丁一平摄
下：图 5-6　米拉公寓外立面

圣家族大教堂是西班牙建筑大师安东尼·高迪的又一代表作,位于西班牙巴塞罗那市区中心,是巴塞罗那的标志建筑,始建于 1882 年,至今为止已经建设了 126 年。尽管是一座仍在修建中的未完建筑物,但依旧是世界上最著名的建筑之一。

圣家族大教堂是一座宏伟的天主教教堂,整体设计以大自然的洞穴、山脉、花草动物为灵感,整个建筑没有采用直线条,看上去栩栩如生,充满象征主义风格。教堂长 110 米,高 170 米,有三个立面,东面代表基督诞生,西面代表基督受难与死亡(图 5-7)。而象征上帝荣耀的南立面,是其中最大的一个立面。每一面均有四座高塔,共 12 座,献给十二使徒,高迪通过这种设计旨在追求一种具有震撼力的垂直感。

教堂有四座雄伟的钟楼,两个巨大的圆形拱顶,塔顶形状错综复杂,并用各色花砖来加以装饰(图 5-8),每个塔尖上都有一个围着球形花冠的十字架。教堂地基面采用哥特式古罗马教堂的长方形交叉通道,五个正厅由交叉通道相连接,并通向另外三间正厅、半圆室和回廊(图 5-9)。

为了突出教堂在城市中的标志性地位,高迪建议在教堂四周保留相应空地,形成四星状广场,以获得最好的视觉艺术效果,又尽量少占城市用地,高迪通过隐喻和装饰把教堂的纪念性推到了顶峰(图 5-10)。

高迪吸纳了哥特式和维多利亚式建筑风格、伊斯兰风格、基督教宗教故事、现代主义和自然

图 5-7　圣家族大教堂西立面

图 5-8　圣家族大教堂圣诞门面　丁一平摄

主义等元素，塑造了多元又极具特色的建筑体系。圣家族大教堂成为了巴塞罗那的象征，它是西班牙建筑中最绚丽的华彩之一。

5.1.4 · 赫尔辛基火车站

　　芬兰赫尔辛基火车站建于1906—1916年，是著名建筑师艾里尔·沙里宁（Eliel Saarinen）代表作之一，是20世纪初车站建筑的珍品，也是北欧早期现代派范畴的重要建筑实例。

　　赫尔辛基中央火车站风格独特、气势恢弘，深受新浪漫主义影响。火车站大厅的北侧是站台大门，门上方是简约的方形格子窗，南侧为火车站正门，正门上方是巨大的拱形格子窗，和北侧的窗子形成了鲜明对照，它们互相衬托，颇有韵味。建筑的特别之处是不对称的塔楼和多变的拱形屋顶，屋顶是从古希腊神庙山墙中汲取的一种表现手法。建筑细部省去了古典装饰构件，直白而精炼的风格与外部砖石结构相辅相成。车站入口处用花岗岩砌成直墙，屋顶用铜塑成曲面，一直一曲，两边对称，形成正门入口的拱形（图5-11）。这设计融合了理性与创意，又很符合波罗的海的浪漫之风。火车站的大门也是对功能性建筑的又一尝试，使火车站入口在光照条件下变得更加庄严，而从远处看来，又像是整座建筑的卫士。火车站高耸入云的形象，成为后来类似建筑的参照物，也暗示了这种"望远镜"式建筑的发展方向。

左：图5-9　圣家族大教堂内部　丁一平摄
右：图5-10　赫尔辛基火车站入口

图 5-11 赫尔辛基火车站

1902 年芬兰国家建筑师协会呼吁建设一个富于政治地位象征的车站建筑，这便是后来的赫尔辛基中央火车站，它是芬兰从沙俄时代阴影下脱身后独立形象的代言，糅杂了强烈政治因素，因此也成为芬兰最重要的建筑之一。

赫尔辛基中央火车站轮廓清晰，体形明快，细部简练，既表现了砖石建筑的特征，又反映了现代建筑发展的趋势，是浪漫古典主义建筑的代表。虽有古典之厚重格调，但又高低错落、方圆相映，不失生动活泼感，有纪念性而不呆板，被视为 20 世纪建筑艺术精品。

5.1.5 透平机工厂

1909 年，贝伦斯（Peter Behrens）设计了德国通用电气公司 AEG 透平机制造车间与机械车间，这是工业界与建筑界结合的成果，也是现代建筑史上一个重要事件（图 5-12）。

透平机①工厂主要车间位于街道转角处，主跨采用大型门式钢架，钢架顶部呈多边形，侧柱自上而下逐渐收缩，到地面上形成铰接点。在沿街立面上，钢柱与铰接点坦然暴露，柱间为大面积玻璃窗，划分成简单的方格，外观体现了工厂车间的性格。在街道转角处的车间端头，贝伦斯作了特别处理，厂房角部加上砖石砌筑的角墩，墙体稍向后仰，并有"链墩式"凹槽，显示敦厚稳

---

① 即涡轮机（Turbine）。

固的形象，上部是弓形山墙，中间是大玻璃窗，这些处理给车间建筑加上了古典的纪念性风格。

厂房在功能上可以分成主体车间和附属建筑两部分，由于机器制造过程要有充足的光线，所以建筑设计要满足采光要求。建筑内部如实地表现了这种需求，在主墩之间的大玻璃窗，保证了车间有良好的采光和通风。车间屋顶由三铰拱[①]构成，免去了内部的柱子，为开敞的大空间创造了条件。侧立面山墙的轮廓与它多边形大跨度钢屋架一致。

贝伦斯在设计时摒弃了僵化的几何学，将厂房沿街立面的轻钢框架在其终端由若干后倾的转角收头，表面经过粉饰处理后使人更直观地感受到其承受荷载的特点。这种用重体量转角来包装轻型梁柱结构的反构筑公式，几乎成了贝伦斯为 AEG 设计工厂的普遍特征，即使在框架结构并无功能需求的情况下，这种转角的强调依然明显，体现了面向大众的工业造型风格（图 5-13）。

贝伦斯创作的这座建筑可以说为探索新建筑起了示范作用，成为当时德国最有影响的建筑物，被誉为第一座真正的"现代建筑"。其造型简洁，摒弃了任何附加装饰，把新思想灌注到设计实践当中，大胆地抛弃传统式样，采用新材料与新形式，使厂房建筑面貌大为一新，具有了现代建筑新结构的特点，强有力地表达了德国工业革命的力量。

5.1.6 巴黎埃菲尔铁塔

埃菲尔铁塔建于 1889 年，位于法国巴黎战神广场，是纪念法国大革命 100 周年时巴黎举办国际博览会时的主体建筑之一，设计师是桥梁工程师居斯塔夫·埃菲尔（Alexandre Gustave Eiffel）。如果说巴黎圣母院是中世纪巴黎的象征，而埃菲尔铁塔则是现代巴黎的标志（图 5-14）。

铁塔设计新颖独特，是世界建筑史的技术杰作。铁塔总高 300 米，为钢铁结构，采用交错式结构，由四条与地面成 75 度角的、粗大的、带有混凝土水泥台基的铁柱支撑着高耸入云的塔身。整个塔身自下而上逐渐收缩，形成优美的曲线，同时也是经过精确计算能有效抵抗水平风力的合理形状。

这一庞然大物显示了资本主义初期工业生产的强大威力，埃菲尔铁塔在设计、分解、生产零件、组装到修整过程中，有一套科学、经济而有效的方法，同时也显示出法国人异想天开式的浪漫情趣、艺术品位、创新魄力和幽默感。

就像第二次世界大战胜利后远渡大西洋、在纽约落户的自由女神像一样，埃菲尔铁塔在不和谐中求和谐，不可能中觅可能。它对新艺术运动的意义不能牵强附会地理解为只是从塔尖到塔基那条大曲线，或者塔身上面一些铁铸件图案花边。铁塔恰如新艺术派一样，代表着当时欧洲正处于由古典主义传统向现代主义过渡与转换的特定时期。

1889 年以前，人类所建造的最高建筑物是中世纪时期高 161 米的德国乌姆教堂的塔，而埃菲尔铁塔把人工构筑物的高度一举推进到 300 多米，这是近代建筑史上的一项重大突破。它表明了 19 世纪后期结构科学、材料科学和施工技术的长足进步。

巴黎埃菲尔铁塔成为了法国的符号。铁塔成功建造说明了新结构试验的成功，也促使建筑不

---

① 三铰拱是拱结构的一种，是静定结构。

得不探求新形势的现实——在 19 世纪的建筑领域里，工程师对新技术与新形势的发展起了重要作用，是新建筑思潮的促进者。

上：图 5-12　AEG 汽轮机厂
下：图 5-13（左）　AEG 汽轮机厂剖面
　　图 5-14（右）　巴黎埃菲尔铁塔　丁一平摄

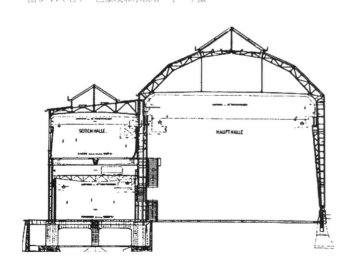

5.2
现代主义建筑的高潮

现代主义建筑思潮产生于 19 世纪后期，成熟于 20 世纪 20 年代，在 20 世纪 50—60 年代风行全世界。这种思潮主张建筑师摆脱传统建筑形式的束缚，强调建筑要随时代而发展、同工业化社会相适应；强调建筑师要研究和解决建筑实用功能和经济问题；主张积极采用新材料、新结构，在建筑设计中发挥新材料和新结构的特性；主张摆脱陈旧的建筑样式束缚，放手创造新建筑风格；主张发展新建筑美学，创造建筑美学新风格。从 20 世纪 40 年代起，现代主义建筑风格逐渐稳定，占据了建筑界的主流，形成了"国际风格"的建筑。

5.2.1 包豪斯学校

1926 年德国魏玛市建成了一座建筑工艺学校新校舍——包豪斯学校[①]。设计师为包豪斯学校校长、德国建筑师瓦尔特·格罗皮乌斯（WalterGropius）。校舍总建筑面积近 1 万平方米，主要由教学楼、生活用房和学生宿舍三部分组成（图 5-15）。

包豪斯突破了传统学校建筑的庄严和对称设计手法，通过功能分区使建筑呈现不对称的箱体组合，各个部分大小、高低、形式和方向各不相同，没有主次之分，并且把多个对于古典建筑并不协调的功能组织在了一起。与巴黎美术学院完全按照古典建筑语法的设计不同，包豪斯学校的

图 5-15　包豪斯学校

---

① 包豪斯是德语 Bauhaus 的译音，由德语 Hausbau（房屋建筑）一词倒置而成。

建筑空间具有多条轴线，但没有突出的中轴线，建筑因此也可根据需要设置多个入口。

　　校舍共分为教学楼、生活用房（包括学生宿舍、饭厅、礼堂、厨房、锅炉房等，宿舍为六层，其余为两层）和四层的附属职业学校（与教学楼由空中走廊相连）三部分。教学楼和实习工厂为4层高建筑，位于临街一面，由行政办公室和图书馆连接，学生宿舍高6层，位于最北边由饭厅兼礼堂连接至教学楼和工厂（图5-16）。

　　格罗皮乌斯创造性地运用现代建筑设计手法，从建筑物的实用功能出发，按各部分的使用要求及其相互关系规定各自的位置和体型，利用钢筋、钢筋混凝土和玻璃等新材料以突出材料的本色美。在建筑结构上充分运用窗与墙、混凝土与玻璃、竖向与横向、光与影的对比手法，使空间形象显得清新活泼、生动多样，尤其通过简洁的平屋顶、大片玻璃窗和长而连续的白色墙面产生不同的视觉效果，更给人以独特印象，因此成为早期现代主义建筑设计的一种模版式平面布局（图5-17）。

　　格罗皮乌斯的包豪斯学校及校舍使20世纪的建筑设计挣脱了过去各种风格和流派的束缚，与复古主义设计思想划清了界限。它遵从时代的发展、科学的进步与民众的要求，适应大规模工业化生产，开创了一种新的建筑美学与建筑风格，被认为是现代建筑中具有里程碑意义的典范作品。

上：图 5-16　包豪斯学校连廊
下：图 5-17　包豪斯学校教室

　　萨伏伊别墅（TheVillaSavoye）建成于 1930 年，位于巴黎近郊的普瓦西，由现代建筑大师勒·柯布西（Charles Edouard Jeannert-Gris）设计，是现代主义建筑经典作品之一。第二次世界大战后，萨伏伊别墅被列为法国文物保护单位（图 5-18）。

　　萨伏伊别墅是一个完美的功能美学作品，建筑表面看起来平淡无奇，没有什么太多的装饰，完全不同于早期建筑给人的那种印象。别墅轮廓简单，像一个白色方盒子被细柱支起，水平长窗平阔舒展，外墙光洁，无任何装饰，但光影变化丰富。别墅虽然外形简单，但内部空间丰富，如同一个精巧镂空的几何体。建筑采用了钢筋混凝土框架结构，平面和空间布局自由，空间相互穿插，内外彼此贯通。它外观轻巧、空间通透、装修简洁，与造型沉重、空间封闭、装修烦琐的古典豪宅形成强烈对比。

　　萨伏伊别墅底层架空，由支柱架起，上部被托起的生活空间远离了车流噪音和街市喧哗，二层有起居室、卧室、厨房、餐室、屋顶花园和一个半开敞的休息空间，三层为主卧室和屋顶花园，各层之间以螺旋形楼梯和"之"字形坡道相连，建筑室内外都没有装饰线脚，用了一些曲线形墙体以增加变化。

　　萨伏伊别墅生动体现了现代主义建筑所提倡的新建筑美学原则，其表现手法和建造手段统一，建筑形体和内部功能匹配，建筑形象合乎逻辑性，构图上灵活均衡而非对称，处理手法简洁，它在建筑艺术中吸取视觉艺术成果等设计理念，启发和影响着无数建筑师，也因为这些手法体现了建筑的最本质特点（图 5-19、图 5-20）。

　　歌德（Johann Wolfgang Von Goethe）说："建筑是凝固的音乐，而萨伏伊别墅内部则更像一个音乐小品。"其室内与室外、空间与实体、理性与感性等都以一个完美的整体展现在世人面前，给人以强烈的感染力，这一切靠的不是豪华材料或附加的装饰，而是设计师强烈的人文精神、深厚的艺术修养和旺盛的创造活力，从中可以深切感到现代建筑设计那诗意而富有生命力的创造思想。

图 5-18　萨伏伊别墅

上：图 5-19　萨伏伊别墅内部
下：图 5-20　萨伏伊别墅内部

5.2.3 马赛公寓

　　马赛集合公寓是柯布西耶的另一代表作，坐落于法国马赛市郊，1952 年完成，主要目的是为了缓解第二次世界大战后欧洲房屋紧缺的状况，也是柯布西耶住宅群和城市联系在一起的设计理念的实践作品（图 5-21）。

图 5-21　马赛公寓大楼 dalbera（法国）

这座建于广阔公园内的公寓主要门面朝向为东西两方，为遮挡寒冷的北风，北面不设置任何窗户。这座横长165米，纵深24米，高56米的高层大楼中容纳着337户，共1600名居民，提供了单人间到可容纳8个人的23种不同户型，就像一个小型的邻里单位。

马赛公寓正面表现为巨型方格状骨架，底层由双列柱脚支撑，其硬朗的线条、简单的形体，无一不向人们道出了它大胆奔放和男性般的阳刚之气。在此庇护之下，那里的居民社区感非常强烈，形成了一个集体社会，就像一个小村庄。更重要的是，公寓底层的架空与地面上的城市绿化及公共活动场所和谐相融，使居民尽可能接触社会，接触自然，增进居民之间的相互交往。柯布西耶还把住宅小区的公共设施引进公寓内部，如商业街、休憩绿地和娱乐设施等，使公寓成为满足居民多种需求的小社会（图5-22）。

马赛公寓的立面处理体现了柯布西耶对于新建筑支柱、自由平面、自由立面、屋顶花园和混凝土这"五要素"的运用和诠释。公寓的每一个要素都被充分夸大，而具有强烈的姿态，底部未经加工的混凝土是粗面混凝土，其外表面是未加处理的清水混凝土，外部遮阳板骨架上浇铸的混凝土表面被密密麻麻的细石所覆盖。在屋顶平台上，所有的混凝土壁面上均贴饰着上了釉的瓷砖，来保持五色缤纷的艳丽色彩永不剥落（图5-23）。

上：图 5-22　马赛公寓底部　丁一平摄
下：图 5-23　马赛公寓顶层　丁一平摄

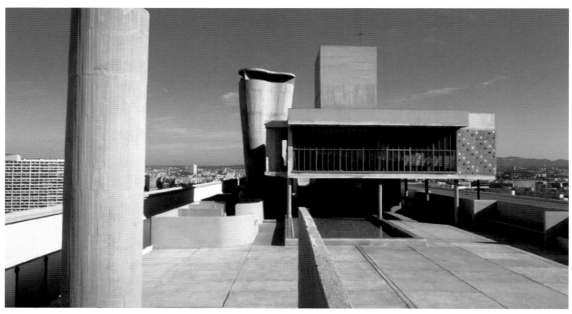

马赛公寓代表柯布西耶对住宅和公共居住问题研究的高潮，又结合了他对现代建筑的各种思考，尤其是关于个体与集体之间的关系，这对后来建筑的发展有着深远影响。

5.2.4 巴塞罗那博览会德国馆

建于 1929 年的巴塞罗那国际博览会德国馆是密斯·凡·德·罗（Mies van der Rohe）的代表作品，它包括一个主厅，两间附属用房，两个水池和几道围墙。它既是一栋建筑，又是一件展品，博览会结束后该馆也被随之拆除，虽然存在的时间不足半年，但其所产生的影响一直持续至今（图 5-24、图 5-25）。

整个德国馆立在一片不高的基座上，占地约 50 米长，25 米宽，由三个展示空间和两块水域组成。主厅部分有 8 根十字形断面钢柱，支撑着一块薄薄的屋顶板，平面呈矩形，厅内设有玻璃和大理石隔断，纵横交错，隔而不断，有的还延伸出去成为围墙，形成既分隔又联系、半封闭半开敞的空间，使室内各部分之间、室内外之间的空间相互贯穿而没有明显的分界。

巴塞罗那德国馆突破了传统砖石承重结构必然造成的封闭、孤立的室内空间形式，而采取一种开放的、连绵不断的空间划分方式。在建筑立面形式处理上也突破了传统砖石建筑以手工方式精雕细刻为主的装饰手法，而主要靠钢铁、玻璃等新建筑材料表现其光洁平直的精确美、新颖美，以及材料本身的纹理和质感美。

上：图 5-24　巴塞罗那博览会德国馆　丁一平摄
下：图 5-25　巴塞罗那博览会德国馆外部　作者摄

图5-26　德国馆内部　丁一平摄

　　建筑的另一个特点是细部处理简单而精致，没有任何线脚，柱身上下没有变化，所有构件交接的地方都是直接相遇，不同构件和不同材料之间不作过渡性处理，一切都非常简单明了、干净利索，与过去建筑的烦琐装饰形成了鲜明对比，是"现代主义建筑"的最初成果和代表之作（图5-26）。

　　巴塞罗那世博会德国馆在建筑空间划分和建筑形式处理上创造了成功的经验，充分体现了密斯的名言——少就是多，用新材料和施工方法创造出丰富的艺术效果，对20世纪建筑艺术风格产生了广泛影响。

5.2.5　纽约古根海姆博物馆

　　古根海姆博物馆是索罗门·R.古根海姆（Solomon R.Guggenheim）基金会旗下所有博物馆的总称，它是世界上最著名的私人现代艺术博物馆之一。纽约古根海姆美术馆被誉为是一件旷世杰作，坐落在纽约市第五街拐角处，是赖特（FrankLloyd Wright）晚期作品，从设计之初到完成都备受争议，它独一无二、异乎寻常的空间设计对后代建筑师有着极大的启发和影响。1990年古根海姆美术馆被正式列为纽约古迹，是目前纽约最年轻的古迹（图5-27、图5-28）。

　　纽约古根海姆博物外观简洁，白色、螺旋形混凝土结构，与传统博物馆的建筑风格迥然不同，自1959年建成后，就一直被认为是现代建筑艺术的精品，以至于近50年来博物馆中的任何展品都无法与之比美，1969年又增加了一座长方形的3层辅助性建筑，1990年古根海姆博物馆再次增建一个矩形附属建筑，形成了今天的模样。

　　博物馆由陈列空间、办公大楼以及地下报告厅3个部分组成。陈列大厅是美术馆的主体部分，形状与一般的美术博物馆迥然不同，是由螺旋形坡道环绕着中庭组合而成，上大下小的螺旋体圆形大厅。开敞的中庭为圆形，一通到顶，高达30米，直径约305米。大厅顶部是一个花瓣形玻璃顶，阳光由此射入。中庭四周是盘旋而上的层层挑台，共6层，螺旋形坡道以3%的坡度蜿蜒而上，底层坡道宽 5 米，直径约 28 米，往上逐渐变宽变大，顶层直径达 39 米，坡道宽约 10 米，整个大厅可同时容纳 150 人参观。螺旋形坡道总长为 43 米，外墙面不开窗，但墙体上部设有条形小窗，以补充坡道采光不足，展品就悬挂在内表面的墙上（图 5-29）。

赖特多年来一直寻求以三向度①的螺旋形结构，而不是圆形平面结构，来包容一个空间，使人们真正体验空间的运动。他把古根海姆博物馆看作是"永不断裂的连绵曲线"，人们沿着螺旋形坡道走动时，周围的空间是连续、渐变的，而不是片断、折叠的。因此，纽约古根海姆美术馆也是形式主义特色的典型代表。

上：图 5-27　古根海姆博物馆
下：图 5-28（左）　古根海姆博物馆 wsifrancis
　　图 5-29（右）　古根海姆博物馆内部空间

---

① 向度是角度或趋势的意思。

美秀美术馆（Miho Museum）是日本人小山美秀子（Koyama Mixiuko）为藏品所建，由贝聿铭与日本纪萌馆设计室共同完成，1997 年竣工。美术馆体现了建筑师打破传统的创新思想，外形崭新的铝质框架及玻璃天幕，专门制作的染色混凝土等暖色物料，还有展览形式及存放装置，都充分展现了设计者匠心独运的智慧（图 5-30）。

美秀美术馆远离都市，且最特别的是建筑物 80% 都隐藏于地下，总面积为 1.7 万平方米的建筑只有 2000 平方米左右露出地面。从外观上只能看到许多三角、棱形等玻璃屋顶和天窗，一旦进入内部，明亮舒展的空间超乎人们预想。

为了体现美术馆与神慈秀明会①建筑的联系，贝聿铭通过中国传统造园的借景手段将群山与仅露出屋顶的神慈秀明会神殿和钟塔纳入自然山体之中。进入美术馆必须经过一座在山谷之间吊起的非对称、长 120 米的吊桥。桥的另一端便是美术馆正门。进入正门之后，透过像广角银幕一样的玻璃开窗，可以看见窗外的青松以及层层叠叠的山峦，像一幅透明的屏风画，迎接着前来的观众（图 5-31）。

上：图 5-30　美秀美术馆鸟瞰
下：图 5-31　美术馆主入口

---

① 1970 年由日本人小山美秀子创立，是日本一种新兴宗教，早期以医治为宗旨，近年活跃于环境保护和美术等方面。

左：图 5-32　美秀美术馆内部
右：图 5-33　美秀美术馆内部

　　桥入口处建筑，由正方形和三角形构成，它们互相交错，像是一幅几何形错觉绘画。整个建筑由地上一层和地下两层构成，入口在一层，进正门后仰首看去，天窗错综复杂的多面多角度组合形状，是美术馆一大特色。室内壁面与地面材料特别采用了法国产的淡土黄色石灰岩，收藏品仓库设计则一反常规，设在最下层，所有的壁面都使用隔热材料，防止由于室内外温差而结霜。

　　屋面玻璃与钢管支撑杆之间的空间，设计了滤光用的仿木色铝合金格栅，除了美学上的成功应用外，格栅梦幻般的影子泼洒在美术馆的大厅及走廊，与传统的日本竹帘式"影子文化"产生呼应，这种强烈效果是贝聿铭惯用的处理手法，但之前是使用铝合金，这次则是全部使用木质材料，光线通过玻璃的折反射之后散入空间，使室内出现一种温暖柔和的情调（图 5-32、图 5-33）。

　　贝聿铭向我们展现了这样一个理想的画面：通过一段长长弯弯的小路，在俊山谧谷之中，到达一个山间草堂，那便是隐在幽静、与瀑布声相伴、躲在云雾中的"世外桃源"。

5.2.7　玛丽亚别墅

　　玛丽亚别墅是古里申夫妇于 1936 年委托阿尔瓦·阿尔托（Alvar Aalto）设计的私人别墅，位于芬兰马库镇一个长满松树的小山顶上。

　　玛丽亚别墅是当代最出色的住宅之一，也是阿尔托古典现代主义的巅峰之作，他终生倡导人性化建筑，主张一切从使用者角度出发，其次才是建筑师个人想法。他的建筑融理性和浪漫为一体，给人亲切而温馨之感，而非大工业时代的机器产物，他将芬兰当地的地理和人文特点融入建筑中，形成独具特色的芬兰现代建筑（图5-34）。

　　玛丽亚别墅共两层，底层包括一个矩形服务区域和一个正方形大空间，其中有高度不同的楼梯平台、接待空间，由活动书橱划分出来的书房和花房。入口处未经修饰的小树枝排列成柱廊的模样，雨篷的曲线自由活泼，从浓密的枝叶中露出一角，颇有几分乡村住宅的味道。公共空间和私人起居空间被中间的餐厅和入口门厅分隔开来，除了服务区之外的空间都是开敞的。从入口门厅过去就是起居室，起居室采用向周围自然空间开敞的形式（图5-35、图5-36）。

上：图5-34　玛利亚别墅外部
下：图5-35（左）　玛利亚别墅入口空间
　　图5-36（右）　玛利亚别墅起居室

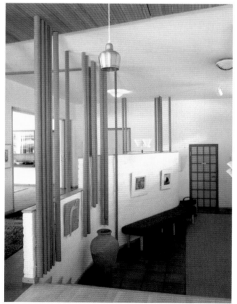

底层起居空间内楼梯由不规则排列的柱子围绕两旁，柱子上围绕绿色藤条，形成亦虚亦实的情趣空间，而不是做成普通的全封闭楼梯间。楼梯直达二层过厅，二层平面布局和底层区别很大，在建筑结构上没有必然的联系。二层的画室像是从底层升起的一座塔楼，外表覆深褐色木条，自身纹理颜色也有细微变化，看上去不致单调呆板。立面其他部分是白色砂浆抹灰，白粉墙顶上还有白色金属栏杆。露台的楼梯扶手嵌在餐厅外墙上，底衬宝蓝色釉面砖，脚下台阶是未经打磨的碎石，具有典型的北欧原始粗犷风格。

现代主义建筑追求自由平面，尽量减少墙面分隔，让室内空间自由流动。玛丽亚别墅这种休闲避暑住宅更需要自由生动的空间情趣，阿尔托最具创新的地方是把梁柱的自由度和传统材料巧妙地结合起来，使用一种新的、贴近自然的、非几何形体的空间结构，而不是像其他现代主义建筑那样拘泥于单调严肃的几何形体。因此，玛丽亚别墅也是现代理性主义与民族浪漫主义的结合。阿尔托也被称为"20世纪理性构成主义与民族浪漫运动传统联系的构思纽带"。

5.2.8 蓬皮杜艺术与文化中心

蓬皮杜国家文化艺术中心简称蓬皮杜文化中心，是一座由钢管和玻璃管构成的庞然大物，由意大利伦佐·皮亚诺（Renzo Piano）和美国卡尔·R.罗杰斯（Carl Ramson Rogers）所设计，坐落在巴黎塞纳河右岸。

建筑主体为6层钢结构，长160多米，宽60米，主要包括公共图书馆、现代艺术博物馆、工业美术设计中心和音乐声响研究中心4个部分；连同其他附属设施，总建筑面积约为10万平方米。除音乐声响研究中心单独设置外，建筑其他部分集中在同一栋大楼内，大楼每层都是一个长160多米、宽约45米、高7米的巨大空间。整个建筑物由28根圆形钢管柱支撑，除去一道防火隔墙以外，没有一根内柱，也没有其他固定墙面，各种使用空间由活动隔断、屏幕、家具或栏杆临时划分，内部空间布置可以随时改变，使用灵活方便（图5-37）。

蓬皮杜中心最大的特色就是外露的钢骨结构以及复杂的管线。建筑内部结构外露，钢柱、钢梁、

图5-37　蓬皮杜文化中心外部　丁一平摄

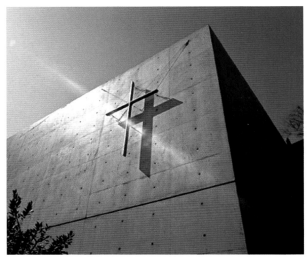

上：图 5-38（左）　蓬皮杜文化中心裸露的管线　丁一平摄
　　图 5-39（右）　蓬皮杜文化中心内部展览空间　丁一平摄
下：图 5-40　光之教堂清水混凝土外墙

珩架和拉杆等结构在外面都可以看到。这也使建筑的功能从外面就可以看得非常清楚，罗杰斯认为建筑表皮要为建筑内部提供一个灵活多变的空间。另外，蓬皮杜中心的钢结构各种涂上颜色的管线都不加遮掩地暴露在立面上，显得格外奇特（图 5-38、图 5-39）。

　　该建筑的兴建不仅在国际建筑界引起了广泛的注意和争议，由于一反巴黎的传统建筑风格，法国人对它的评论分歧也很大。罗杰斯的设计意图表达了一部分建筑师对现代生活急速变化特质的认识和重视。这种建筑风格也被称为"高技派"（High-tech）风格。现在参观蓬皮杜文化中心的人数远远超过了艾菲尔铁塔，它不仅是一个名副其实的文化中心，更像一个夺目的瑰宝，镶嵌在巴黎市内。

5.2.9 光之教堂

　　光之教堂位于日本大阪，是安藤忠雄(Tadao Ando)教堂三部曲(风之教堂、水之教堂、光之教堂)中最为著名的一座，建成于 1989 年。光之教堂的魅力不在外部而在里面，经过提纯萃取的"光之十字"，被称作安藤教堂设计之中的经典（图 5-40）。

光之教堂位于住宅区的一角，是在现有一座木结构教堂和牧师住宅上独立扩建的，并没有明显的入口，只有门前一个不太显眼的门牌，面积约113平方米，能容纳约100人，建筑布局是根据用地内原有教堂位置以及太阳方位决定的（图5-41）。

　　教堂由一个混凝土长方体和一道与之成15度角横贯的墙体构成，长方体中嵌入3个直径约6米的球体。这道独立的墙把空间分割成礼拜堂和入口部分，廊道两侧为素面混凝土墙，顶部由玻璃拱与"H"型横梁构成，廊道前后没有墙体阻隔，其末端是绿树和遥远的海景，透过玻璃拱顶，人们能感觉到天空、阳光和绿树的气息。

　　礼拜堂正面混凝土墙壁上留出十字形切口，用来呈现光之十字架。礼拜堂内部用坚实的混凝土墙围合，创造出一片黑暗空间，让进去的人瞬间感觉到与外界的隔绝，而阳光便从墙体的水平垂直交错开口里直射进来，那便是"光之十字"——神圣、清澈、纯净和震撼。教堂除了那个置身于墙壁中的大十字架外，并没有放置任何多余的装饰物，仅靠十字形分割墙壁来创造特殊光影效果，使信徒产生一种接近上帝的奇妙感觉（图5-42、图5-43）。

　　礼拜堂内有一段向下的斜路，但没有阶梯，最重要的是，信徒的座位高于圣坛，这有别于大部分教堂，打破了传统教堂建筑的惯用做法，其实是要反映人人平等的思想。

上：图5-41　光之教堂与周边环境示意图　作者自绘
下：图5-42　光之教堂内部空间与光影效果

光之教堂在安藤的作品中是十分独特的,安藤以其抽象、肃然、静寂、纯粹和几何学的空间创造,让人类精神找到了栖息场所。教堂设计极端抽象简洁,没有传统教堂中标志性的尖塔,但内部极富宗教意义的空间,却呈现出一种静寂美,与日本传统宗教文化既有相似的气氛又有不同之处,令人回味(图5-44)。

上:图5-43　光之教堂的"光之十字"
下:图5-44　光之教堂与外部环境

5.3
中国现代主义建筑

当我们讨论"中国现代主义建筑"这一论题时，相信许多人心怀疑虑：中国能否借用西方现代主义建筑的评价标准来衡量自身。假如我们打破这种习以为常的西方现代主义建筑史观思维定式，不以西方体系作为参照，转而将目光放在中国建筑发展自身，我们会发现，无论在近代还是在当代，中国均有自己的优秀现代主义建筑作品，中国也有一条具有自身特点的现代主义建筑发展的明晰轨迹。

5.3.1 国际联欢社

国际联欢社位于南京市鼓楼区中山北路 259 号（原 671 号），是一家拥有 60 多年历史的旅游涉外饭店，现南京市南京饭店也在此（图 5-45）。

国际联欢社组织，是一个以各国驻华外交使团成员为主，并有中国外交界人士参加的旨在联络国际人士感情的团体。该建筑建于 1935—1936 年，由著名建筑师梁衍设计。建筑主楼为钢筋混

图 5-45　南京国际联欢社主楼立面　赵晗摄

凝土结构，造型设计采用现代主义手法，立面入口设计成半圆形雨棚，中间突出部分以框架柱和弧形钢窗相结合，以增强立面效果。门厅采用新颖的装饰材料，房屋立面柱套、门套采用磨光黑色青岛石贴面，墙面以檐口线和窗腰线等横向线条为主，立面整洁，高低有序，错落有致。

1946年由杨廷宝先生进行扩建设计。设计为了适应用地现状和享有较好朝向，将建筑的扩建部分用扇形门厅与原建筑相连，弧形线脚与原圆形门厅相呼应，并在建筑细部、材料和色彩等处理上尽可能使新旧两部分建筑结合成一个协调统一的整体。1947年竣工后的国际联欢社建筑面积达5千多平方米，占地面积1万多平方米（图5-46）。

建筑内部装饰豪华，外部别具一格，院内环境幽雅，景色迷人，古色古香的江南园林式庭院内，亭台楼榭、花木山石点缀四周，正中还有个300多平方米的草地。国际联欢社旧址不仅在当年是南京著名的建筑，2009年也被列为南京市重要近现代建筑。

图5-46　南京国际联欢社　赵晗摄

5.3.2 北京展览馆

北京展览馆建成于1954年，位于北京西直门外大街135号，西邻动物园，北靠中关村科技园区，南临金融街与各大部委，地理位置优越，是毛泽东主席亲笔题字、周恩来总理主持剪彩的北京第一座大型综合性展览馆。2007年成为北京市政府优秀近现代保护建筑（图5-47）。

北京展览馆建成初期占地约13万平方米，全馆面积超过8万平方米，建筑以中央大厅为中心，并附设影剧场、餐厅、电影馆，还铺设了专用铁路支线。1998年底，北京展览馆对原东西室外场地封顶改作室内场馆。2000年展览馆进行了全面改造，重新改建后的室内展馆共设12个展厅，展出面积 2.2 万平方米，层高 8~19 米，空间高大，气势恢弘（图 5-48、图 5-49）。

作为 20 世纪 50 年代的首都地标，北京展览馆特色鲜明，建筑由原苏联中央设计院设计，参照了俄罗斯经典建筑杰作圣彼得堡海军总部大厦，建筑高两层，中间有一尖塔，主楼高耸峭立，回廊宽缓伸展，整个建筑具有明显的俄罗斯民族特色，塔顶上的红星、回廊上的党徽，还有劳动者雕像都成为时代感极强的装饰。

20 世纪 50 年代，俄罗斯式英雄主义感染了中国，人们以忘我的热情投入建设，北京展览馆就是在这样的时代背景下产生的，时过境迁，几经装修的北京展览馆继续保留着传统俄罗斯建筑风格，也作为那个时代的记忆不断延续下去。

上：图 5-47　北京展览馆
中：图 5-48　北京展览馆内部装饰
下：图 5-49　改造后的北京览馆内部展厅

5.3.3 广州爱群大厦

　　位于广州市越秀区的爱群大厦又名爱群大酒店，由同盟会陈卓平先生集资创办，陈荣枝和李炳垣设计，1937年建成之初是当时华南地区最高的建筑物，为典型的骑楼建筑，1952年易名爱群大厦。1966年在东侧增建18层新楼，高68米，并更名人民大厦，被誉为"开广州高层建筑之新纪元"（图5-50）。

　　爱群大厦是广州第一栋钢框架结构仿美国摩天式高层建筑，占地800多平方米，平面为三角形，总建筑面积约1万平方米。首层沿街以骑楼建筑形式跨建在人行道上，内设门厅、餐厅、商场，周边设立客房和写字楼，建筑外墙刷白色水洗石米饰面，开长方形钢窗，整体感觉端庄、明静和简洁。

图5-50　爱群大厦立面　作者摄

---

① 城垛指城墙向外突出的部分。

建筑师为了寓意"爱群诸公"努力向上的创业精神,在建筑立面上特别强调挺拔的艺术效果。既借鉴美国纽约伍尔沃斯大厦(Woolworth Building)的设计手法,又在哥特式复兴风格中渗入岭南建筑风格。所有窗户都采用上下对齐的竖向长窗,并且在各个立面窗的两旁都布置了上下贯通的凸壁柱,在阳光下既形成竖向阴影,又使窗口得到侧向遮阳,还在褐色五棱台形混凝土屋顶五个角顶部加上5个白色小尖塔来增强向上的动感。这5个小尖塔烘托着直指蓝天的钢筋混凝土旗杆,给人蒸蒸日上之感。此外,裙楼顶与塔楼顶的女儿墙造成高低不一的城垛①形,在视觉上增强了向上的感觉。

爱群大厦首层采用"骑楼"形式,架空6米,进深超过4米,整个骑楼空间高大宽敞,巧妙地与相邻建筑的骑楼空间连通。由于是高层建筑,其柱列粗大有力,长边平行人行道,短边垂直人行道,个别相邻柱子下部用实墙相连,这样布置除结构合理外,也使人行道有足够宽度,又可遮挡马路噪声。爱群大厦开创了广州高层建筑周边做列柱骑楼之先例(图5-51)。

20世纪30年代,能源危机还不严重,但爱群大厦的设计已有节能意识,利用足够大的不封闭内天井进行通风、采光和排水,这在当时高层建筑设计中是非常大胆的,在现代高层建筑设计中也是不可思议。虽然当时的设备不能满足封闭内天井的气候控制,营造不了像现代高层建筑中的共享空间,但这种开敞的内天井满足热压和风压两种通风,是高层建筑节能设计的一种成功案例。这种以自然通风为主、空调降温为辅的节能意识,值得当代建筑师在高层建筑设计中学习和实践。在今天广州高层酒店林中,爱群大厦仍不失当年雄姿。

图5-51 爱群大厦入口 作者摄

后现代主义（Postmodernism）产生于 20 世纪 60 年代，它是对西方现代社会的批判与反思，是对工业文明负面效应的思考与回答，是对现代化过程中出现的剥夺人主体性、死板僵化、机械划一的整体性和同一性等弊端的批判与解构，是批判和反省西方社会，在哲学、科技和理论界中形成的一股文化思潮。后现代主义是人类历史上一次伟大革新，对人类认识世界和自我有十分积极的意义。

后现代主义建筑高度重视建筑的形式，反对现代主义、功能主义的"形式追随功能"原则。一方面是因为技术革新的影响，科技的发展使得功能和形式联系减弱；另一方面则是人类对艺术和精神层面追求的不断增长。因此，建筑开始采用新的技术手段，同时开始为特定的专门对象提供艺术和精神服务。

第6章

后现代主义：艺术
还是技术

HOUXIANDAI ZHUYI YISHU HAISHI JISHU

西方后现代主义建筑

西方后现代建筑思潮是在社会结构转型的特定历史时期产生，是社会发展和科技进步的产物，也反映了文化危机、能源危机及环境问题对建筑领域的影响。第二次世界大战后经过半个多世纪的发展，社会物质财富得到了大量积累，人类社会对建筑形式提出了多元化的要求，同时在20世纪60年代西方社会普遍存在着严重社会危机、信仰危机和文化危机，这种反和谐、求异构的创造思维模式对当时以至后来的后现代建筑创作都产生了重要影响。

6.1.1 波特兰市市政厅

俄勒冈州波特兰市政厅位于美国波特兰市中心，是一幢集办公、服务、展览于一体的公共建筑，建成于1982年，设计师是迈克尔·格雷夫斯（Michael Graves），大楼建成后在社会引起了强烈反响，斥责与褒奖之声此起彼伏（图6-1）。

20世纪80年代美国办公建筑中，15层高的波特兰市政厅是一座近乎立方体的巨型大楼，不仅功能合理，而且外立面的装饰及内部空间安排均表现出独特的象征意义，是后现代主义建筑在大型建筑创作中的一座里程碑，且在建筑史上占有重要地位。

波特兰市政厅与法国凡尔赛宫烦琐的古典主义建筑形式不同，它平面为简单的方形，像一个粗粗的方筒子，仅在立面上进行了多种划分，并加上色彩和装饰，从整体结构来看，这个建筑依然是现代主义的，但由于采用了大量的装饰细节，又具有非常浓厚的装饰性，完全与现代主义和国际主义风格不同。因此引起世界各国建筑界的关注，被视为后现代主义的奠基作品之一。美国设计家、评论家菲利普·约翰逊（Phillip Johnson）高度赞扬这个设计大胆地采用各种古典装饰，特别是广泛采用古典主义基本设计语汇，使设计得以摆脱国际主义的一元化局限，走向多元、装饰主义的新发展。

图6-1 波特兰市市政大厅

格雷夫斯"古典柱"的变形夸大了大厦入口的宏伟感，又以柱的"面具"去抵消这种庄严。建筑最接近大众的活动区域安排在基座里，基座以绿色的骑楼形式象征波特兰市多雨气候和常年绿草如茵的自然环境。市政机构设置在中段，立面的大面积玻璃幕墙既接受光线又可反射城市景象，象征着市政活动的公众聚集特征。虽然建筑两个侧面不如正面和背面生动，但巨大的柱廊仿佛支撑着建筑并引导人们由商业区走向公园。

建筑底部是三层厚实的基座，上面是 12 层高的主体，大面积墙面使用象牙白色，其上部开着深蓝色方窗。正立面中央 11 层至 14 层是一个巨大的楔形，仿佛是放大了的古典建筑锁心石，类似于一个大斗中央是一个抽象和简化了的希腊神庙，具有古典根源和深刻寓意，而不是简单的构造装饰。

6.1.2 德国斯图加特美术馆

斯图加特国立美术馆分新老两馆，老馆建于符腾堡[①]威廉一世王在位期间，属于德国最古老的博物馆建筑之一，新馆由已故英国建筑师詹姆斯·斯特林（James Stirling）设计，建于 1979—1984 年，其明快的色调、流畅的线条、古典和现代的完美结合，被誉为"后现代主义建筑"典范之作。

美术馆的新馆由美术馆、剧场、音乐教学楼、图书馆及办公楼组成，不仅功能复杂，且建筑形式与装饰上也采用了多种手法加以组合，既有古典平面布局，也有现代元素的构成韵味，给人以耳目一新的感觉。

斯特林运用一种更为大众化和诙谐的方式去表达自己对美术馆建筑的理解。虽然整体上仍然使用大面积与相邻传统建筑相同的外墙，以谋求和周边环境的协调，但颜色鲜艳的换气管，带有构成主义痕迹和高技派特征的入口雨篷、素混凝土排水口、粗大的管状扶手等细部，以及门厅轻巧明快的曲面玻璃幕墙，都抵消了墙体的巨大压力。斯特林采用简单的立体主义外形和低矮的效果，使新建筑在视觉上超越旧建筑，门口以标准的古典主义轮廓开口，利用古典符号来表达后现代主义形式的主张，同时设计并没有摒弃历史文脉，而是采取有力度感、决断的呼应形式（图 6-2 至图 6-4）。

左：图 6-2（上）　斯图加特国立美术馆
　　图 6-3（下）　斯图加特国立美术馆
右：图 6-4　斯图加特国立美术馆

① 符腾堡是德国西南部的一个政治实体。

另外，借助带有露天雕塑的广场，建筑空间与街道形态的融合与优化巧妙地帮助博物馆在树立自身形象的同时加强了市民的参与性。新馆通过一条自东向西绕过建筑中央下沉的陈列庭园公共步行道，将建筑两侧有高度差的道路联系起来。这条步行道结合直线与曲线的坡道，在不断变化当中与下沉庭园的雕塑艺术品相遇，成为一条充满趣味的交通路线，使市民能够更好地感受美术馆的艺术魅力，成功地将城市道路引入建筑内部，以完全开放的格局融入城市当中，这使得路过的市民能自然地欣赏到雕塑公园的展品，感受到美术馆的艺术氛围，从而使美术馆成为城市景观的一个有机部分（图 6-5、图 6-6）。

斯图加特国立美术馆装饰材料以花岗石和大理石为主，局部装饰形式采用古典主义风格，如拱券和天井，进入室内会看到以绿色为主色调的门厅和惯用的传统光滑石材不同，斯特林在这里使用了绿色橡胶地面，以明快和鲜艳色彩主导的室内设计，让人感觉去美术馆不再是一件很严肃的事情，反而有一种在商店购物的轻松感。

上：图 6-5　斯图加特国立美术馆外的引导空间
下：图 6-6　斯图加特国立美术馆内部空间

悉尼歌剧院位于澳大利亚悉尼便利朗角（Bennelong Point），由丹麦建筑师约翰·伍重（Joslash Utzon）设计，1973 年大剧院正式落成。2007 年被联合国教科文组织评为世界文化遗产。其特有的船帆造型，加上悉尼港湾大桥作背景，与周围景物相映成趣，是 20 世纪最具特色的建筑之一，也是世界著名表演艺术中心、悉尼市标志性建筑（图 6-7、图 6-8）。

悉尼歌剧院外形犹如即将乘风出海的白色风帆，外观为三组巨大壳片，耸立在南北长 186 米、东西宽 97 米的钢筋混凝土结构基座上。第一组壳片在地段西侧，四对壳片成串排列，三对朝北，一对朝南，内部是大音乐厅；第二组在地段东侧与第一组大致平行，是形式相同而规模略小的歌剧厅；第三组在西南侧，规模最小，是由两对壳片组成的餐厅。建筑主要分为歌剧厅、音乐厅和贝尼朗餐厅三个部分，其他房间都巧妙地布置在基座内。整个建筑群的入口在南端，有 97 米宽的大台阶。车辆入口和停车场设在大台阶下面。

这些"壳片"依次排列，前 3 个面向海湾，处于最末端的则背向海湾侍立。高低不一的尖顶壳，外表用白格子上釉瓷砖铺盖，在阳光照映下，远远望去，既像竖立着的贝壳，又像两艘巨型白色

上：图 6-7　悉尼歌剧院
下：图 6-8　悉尼歌剧院鸟瞰图

帆船，漂浮在蔚蓝色的海面上。那贝壳形尖屋顶，是由 2194 块每块重 15 吨的弯曲形混凝土预制件，用钢缆拉紧拼成，外表覆盖着 105 万块白色瓷砖（图 6-9）。

　　建筑内部音乐大厅长 67 米，最大宽度 39 米，最大高度约 25 米，容积 2.8 万立方米，歌剧厅比音乐厅小，有 1547 个座位，主要用于歌剧、芭蕾舞和舞蹈表演，舞台面积 440 平方米，歌剧院内还设有排练厅、书馆、展览馆、录音棚、餐厅、酒吧和咖啡厅等空间（图 6-10）。

　　悉尼歌剧院不仅是悉尼艺术文化的殿堂，更是悉尼的灵魂，这座建筑已被视为世界经典建筑载入史册。然而令人遗憾的是，悉尼歌剧院设师约翰·伍重在去世之前都没能够亲眼见到自己的杰作。

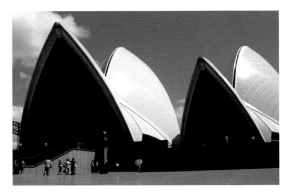

左：图 6-9　悉尼歌剧院入口
右：图 6-10　音乐厅和大风琴

6.1.4　毕尔巴鄂古根海姆博物馆

　　毕尔巴鄂古根海姆博物馆由建筑师弗兰克·盖里（Frank Owen Gehry）设计，1997 年正式落成启用，是西班牙工业城市毕尔巴鄂更新计划中的关键一环，位于城市门户之地——旧城区边缘、内维隆河南岸的艺术区域。从内维隆河北岸眺望城市，该博物馆是最醒目的第一层滨水景观。因北向逆光的原因，建筑的主要立面都处于阴影中，盖里将建筑表皮处理成向各个方向弯曲的双曲面，这样建筑的各个表面都会随着日光入射角的变化而产生不断变动的光影效果，避免了大尺度建筑在北向的沉闷感（图 6-11、图 6-12）。

　　毕尔巴鄂古根海姆博物馆是放射式布局的综合体。首层几个形状自由的展厅簇拥在中庭周围，二层以上，由廊柱和天桥组成的环路将陈列室组织在四周。建筑入口分布在上下两个层面上，上层是道路层，下层是河岸层，在上层盖里将桥梁的支路和城市道路交汇处扩大，形成美术馆的南广场，二层展厅等都可以通过南广场直接进入，广场上有两个向下的大台阶，一个通向主入口，一个通向展厅。河岸上还有一条弧形堤岸建在河流与水池之间，既保持着美术馆坐落水中的形象，又使河岸的东西部分之间取得了联系。

　　南侧主入口，由于与西班牙 19 世纪旧区建筑只有一街之隔，盖里采取了打碎建筑体量的方法与之协调，将建筑穿越高架路下部，并在桥的另一端设计了一座高塔，使建筑对高架桥形成抱揽、含纳之势，进而与城市融为一体。入口处的立面也创造出以往任何高直空间都难以具备的、打破简单几何秩序的强悍冲击力，曲面层叠起伏、奔涌向上，光影倾泻而下，直透人心，使人目不暇接。以高架路为纽带，盖里将这栋建筑旺盛的生命活力辐射入了城市深处。

美术馆中庭平面自由，形体丰富，中庭内楼梯、电梯的外表被包装成平面、折面和曲面。透明与非透明的包装材料在这里交替使用，形成虚虚实实的效果。这个中庭以反传统的空间形象成为博物馆建筑中造型最奇特、最丰富的核心空间，给人以强烈的艺术震撼。美术馆内的采光设计也显得非常吸引人，为配合建筑造型与环境设计，采用钛合金的材质作为墙面，使建筑富有雕塑感和时代感（图6-13、图6-14）。

上：图6-11　毕尔巴鄂古根海姆博物馆
中：图6-12　毕尔巴鄂古根海姆博物馆在城市中的肌理
下：图6-13　（左）毕尔巴鄂古根海姆博物馆内部结构
　　图6-14　（右）毕尔巴鄂古根海姆博物馆建筑细部

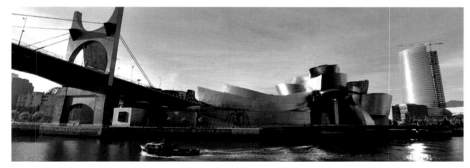

作为城市最重要的建筑，博物馆在建材方面还使用玻璃、钢和石灰岩，与该市长久以来的造船业传统遥相呼应。盖里运用各种不同材料和形态的组合达到了独特的设计效果，使毕尔巴鄂古根海姆美术馆与周围环境有机地融合到了一起，形成了一个完美的建筑艺术杰作。

6.1.5 柏林犹太人博物馆

柏林犹太人博物馆也称柏林犹太人纪念馆，位于德国首都柏林，由著名建筑师丹尼尔·利伯斯基（Daniel Libeskind）设计。现已经成为柏林的代表性建筑，是欧洲最大的犹太人历史博物馆，其目的是要记录与展示犹太人在德国前后约两千年的历史，包括德国纳粹迫害和屠杀犹太人的历史，而后者也是展览中最重要的组成部分。

建筑平面呈曲折蜿蜒状，走势极具特色，墙体倾斜，像"六角星"立体化后又破开的样子展现在建筑上，使建筑形体呈现极度夸张、扭曲的线条。博物馆外墙用镀锌铁皮构成不规则形状，带有棱角尖的透光缝由表及里，所有线条、面和空间都断断续续而不规则，游人一旦进入，便不由自主地被卷入了一个扭曲的时空。馆内几乎找不到任何水平和垂直的结构，所有通道、墙壁、窗户都带有一定的角度，没有一处是平直的。设计师以此隐喻犹太人在德国不同寻常的历史和遭受的苦难，展品中虽然没有直观的犹太人遭受迫害的展品或场景，但馆内曲折的通道、沉重的色调和灯光无不给人以精神震撼和心灵冲击。

建筑多次折叠，连贯的锯齿形平面线条被一组排列成直线的空白空间打断，俯视建筑能让人清楚地看到锯齿状的平面和与之交切的、由空白空间组成的直线，这些空白空间不仅是在隐喻大屠杀中消失的无数犹太生命，也意喻犹太人及其文化被摧残后留下的、无法弥补的空白。最典型也是最大的一处空隙底部，铺满了呐喊的脸孔，参观者可以感受那种被关在毒气室中，等待死亡的绝望与无助。

这座建筑的空间由三条主线贯穿，一条通往以锐角歪斜组合的展览空间，黑色部分为核心封闭天井，白色部分为展览空间；另一条轴线通往室外的霍夫曼公园，由倾斜而不垂直于地面的方格形平面混凝土方柱组成；第三条轴线直通神圣塔，该塔是一个高20多米的黑色烟囱式空间，进入后使人静立沉思，回忆犹太人过去经历的苦难，最后离塔时沉重的大门声响令人震惊，加深了参观的印象和感受（图6-15至图6-17）。

图6-15　柏林犹太博物馆鸟瞰

柏林犹太人博物馆是对特殊历史时期，犹太人所处的苦难惨境的真实写照。建筑师在设计博物馆时说："其实建筑就是一个故事的讲述，通过建筑去打动人们，给大家一种充满希望的感觉。悲剧无法改变，但我们可以给人们希望。就像战后年轻的德国人最终改变了自己的命运，并且现在用这样的经历教育下一代。"

左：图 6-16　柏林犹太博物馆　作者摄
右：图 6-17　柏林犹太博物馆空间

6.1.6 伦敦劳埃德大厦

　　著名保险公司劳埃德公司（Lloyds）采用了建筑师里查德·罗杰斯（Richard Rogers）的设计方案，1986 年建成的劳埃德大厦其独特的风格立刻成为伦敦甚至全球引人注目的建筑。罗杰斯的设计更加夸张地使用了高科技元素，比过去的蓬皮杜艺术中心更夸张、更突出，也使得"高技派"风格更为成熟（图 6-18）。

　　劳埃德大厦位于伦敦金融区中心，北面是新广场、商业联盟大厦和邮电塔式办公楼，其余三面都是临近狭窄的街巷。当沿着狭窄的街道走近劳埃德大厦时，大厦的全貌渐渐地展现在眼前：广阔的天空、宁静的街道与行人的台阶联系在一起，这些与高耸的塔楼、独立的框架、半透明的外墙和玻璃屋顶平台，形成了鲜明的对比。从外面望去，可以看见劳埃德大厦主楼及其 6 座带楼梯的塔楼。它们与周围地区的建筑协调一致，同时又丰富了伦敦城的轮廓线。

　　劳埃德大厦主体为长方形，呈阶梯状布局，一端高 12 层，另一端为 6 层。中间是很高的大厅，四周为玻璃幕墙；建筑外围有 6 个塔楼，内置楼梯、电梯及各种管线设备。大厦主体的每层平面没有固定隔断，以便可以灵活使用，大厦的四周及顶部，大部分结构均暴露在建筑外，远望大厦就像是一个复杂的工业建筑，这也是高度发达的工业技术化所赋予建筑的新形象（图 6-19）。

左：图 6-18　劳埃德保险公司大厦　作者摄
右：图 6-19　劳埃德大厦内部　作者摄

劳埃德大厦建成后曾受到舆论的批评，认为这种构架繁杂和表面多棱角的建筑物增强了伦敦市的繁乱感觉。这也是后现代主义建筑师在日益复杂的城市环境中进行的建筑艺术创新，事实证明，这种"高科技"派的后现代主义建筑有着其独特的魅力和生命力。

6.1.7 迪拜哈利法塔

哈利法塔又名迪拜塔，位于阿拉伯联合酋长国迪拜境内，为目前世界第一高楼与人工构造物，高828米，总共169层，2010年正式完工启用，总建筑师是芝加哥建筑事务所（SOM）的亚德里恩·史密斯（Adrian Smith）（图6-20）。

建筑采用一种具有挑战性的单式结构，由连为一体的管状多塔组成，具有太空时代风格外形，基座周围采用富有伊斯兰建筑风格的几何图形——"沙漠之花"（DesertFlower）。平面是三瓣对称盛开的花朵，立面通过21个逐渐升高的退台形成螺旋线，整个建筑物像含苞待放的鲜花。这样的三叉形平面可以取得较大的侧向刚度，以降低风荷载，有利于超高层建筑抗风设计，同时对称的平面又可以保持平面形状简单，施工方便。

建成后的哈利法塔外观具有典型伊斯兰建筑风格，楼面为"Y"字形，并由3个建筑部分逐渐连贯成一个核心体，从沙漠上升，以上螺旋的模式，减少大楼的剖面使它的动势更直往天际（图6-21）。

迪拜哈利法塔的高度已超越了纯钢结构高层建筑的使用范围，但又不同于内部混凝土外围钢结构的传统模式，在体系上有所突破，创造了一个新奇迹。哈利法塔的重大突破是采用了下部混凝土结构（钢筋混凝土剪力墙体系），上部钢结构的全新结构体系。整个抗侧力体系是一个竖向带扶壁的核心筒，六边形的核心筒居中，中心筒的抗扭作用可以模拟为一个封闭的空心轴。整个建筑就像一根刚度极大的竖向梁，抵抗风和地震所产生的剪力和弯矩。由于加强层的作业，各端部的柱子也参与到抗侧力之中，这样一来，抗侧力结构形成空间整体受力，具有良好的侧向刚度和抗扭刚度。

竖向形状按建筑设计逐步退台，既要形成优美的塔身宽度变化曲线，又要与风力的变化相适应，剪力墙在退台楼层处切断，端部柱向内移。分段切断可以使墙和柱的荷载平顺地变化，同时也避免了墙、柱截面突然变化给施工带来的困难。

左：图6-20　哈利法塔
右：图6-21　哈利法塔——六瓣的沙漠之花平面

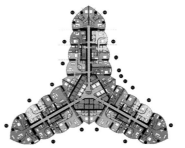

哈利法塔无论是在建筑的高度、设计、结构技术，还是室内艺术方面的成果，都可是人类建设史上的又一高峰。

6.1.8 吉隆坡双子塔

1996 年建成的吉隆坡双子塔（Petronas Towers）坐落于马来西亚吉隆坡，由美国建筑设计师西萨·佩里（Cesar Pelli）设计，共 88 层，高 452 米。吉隆坡双子塔是马来西亚石油公司的综合办公大楼，设计风格体现了吉隆坡这座城市年轻、中庸和现代化的城市个性，突出了后现代主义的独特性理念（图 6-22）。

双塔的楼面构成以及优雅的设计给其带来了独特的轮廓特征。建筑平面是两个扭转并重叠的正方形，用较小的圆形填补空缺，这种造型可以理解为来自伊斯兰的灵感，但同时又是后现代的和西方的融合。双塔的外檐为混凝土外筒，中心部位是高强钢筋混凝土内筒，高轧制①钢梁支托的金属板与混凝土复合楼板将内外筒连接在一起。

这两座 88 层塔楼包含了 74 万平方米以上的办公面积，14 万平方米左右购物与娱乐设施，4500 个车位的地下停车场，石油博物馆，东南亚最大的古典交响音乐音乐厅，以及多媒体会议中心。双子塔的空中桥梁建在距离地面 170 米第 41 和42 层处，长约 58 米，用于连接和稳固两栋大楼，是目前世界上最高的天桥。站在这里，可以俯瞰马来西亚的繁华景象，这座人形支架天桥就像一座登天大门，屹立在吉隆坡城市上空（图 6-23、图 6-24）。

双子塔是吉隆坡的标志性城市景观之一，是世界上目前最高的双子楼，也是后现代主义建筑师借助高超的工程和科学技术的又一代表作。

上：图 6-22　吉隆坡双子塔
下：图 6-23（右）　吉隆坡双子塔底层中庭　丁一平摄
　　图 6-24（左）　双子塔天桥内部　丁一平摄

---

① 轧制（rolling）是将金属坯料通过一对旋转轧辊的间隙（各种形状），来生产钢材的方式。

6.2
中国后现代主义建筑

随着 20 世纪 80 年代以来的后现代主义理论涌入，中国建筑界也开始在两个层面上反思现代主义与中国的现状：一是沿着后现代主义的思路，认为应该改变目前呆板、平淡的建筑格局；另一种倡导"建筑必须符合人的生存需求"的现代建筑思想。前者倾向于从建筑形象和环境角度后者倾向于从功能角度来改变中国建筑的单体平淡与整体杂乱现状。总之，后现代主义思潮的传入，促成了中国建筑界对现代主义的新思考。

6.2.1 北京中央电视台大楼

中央电视台新总部大楼位于北京市朝阳区，地处东部商务中心区，由德国人奥雷·舍人（Ole Scheeren）和荷兰人雷姆·库哈斯（Rem Koolhaas）的大都会建筑事务所（OMA）设计，2012 年竣工。

央视大楼整个建筑由 6 个近似于平行六面体的体块组成（包括基地上的两个体块，两个垂直体块以及两个悬挑体块），相邻的两个体块组成"L"形。整个建筑的结构也表现为近似平行六面体，建筑中部被掏空，成为一个有棱角的"环"，呈现出极强的对称性。建筑看起来像是随机形成的自然物，没有曲线却动感十足，锐角只出现在水平方向，而且是在跟地面接触的部分，直立的表面并不是完全垂直于地表，小角度的偏离暗示了对空间的扭曲处理。

从外观看来央视大楼可以说是极其封闭，也可以说是极其开放。它表面是大片的玻璃幕墙，使得大楼内部有极其开阔的视野，在任何楼层都能看到地面全景。然而，这个不规则形体带来强烈的不稳定感，重力似乎集中在建筑的西南角，悬挑的部分是如此的巨大，仿佛地震、风力和其他任何轻微的震动都会对它造成致命的影响。

从技术上讲，建筑存在很大难度，两座竖立塔楼向内倾斜，且倾角很大，塔楼之间被横向结构连接起来，总体形成一个闭合的环，这样一种回旋式结构在建筑界还没有现成的施工规范可循，而这个结构所带来的最基本的问题就是自重。针对建筑的特殊体形，尤其悬挑部分交接处承受了极大而不合比例的结构荷载，相应的解决方法是放弃均匀的结构布置，根据各部分荷载特点组织结构网络，结构框架由一系列不同大小的三角形结构杆件组成，杆件密度大的地方往往就是荷载密集的位置。这种大胆创新的结构组织方式，既是"适应性"的表现，也是对建筑界传统观念的挑战（图 6-25、图 6-26）。

央视大楼的庞大体形是对于相互平衡、相互补充和相互依存等相关思考的表达。传统的摩天大楼成为一种陈旧、平庸的模式，而央视大楼提供了其他视角，通过水平和竖向的紧密结合，摩天大楼不再平淡无趣。

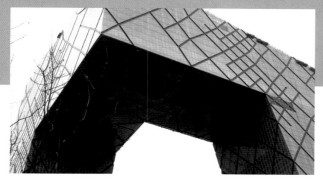

左：图 6-25 央视大楼的悬挑体块 丁一平摄
右：图 6-26 央视大楼 丁一平摄

6.2.2 广州歌剧院

广州歌剧院位于广州市珠江新城内，由著名建筑师扎哈·哈迪德（Zaha Hadid）设计，2010 年完成。其外形如"圆润双砾"，就像置于平缓山丘上的两块砾石，在珠江边显得十分特别（图 6-27）。

广州歌剧院总占地面积约 4.2 万平方米，建筑内设有歌剧、芭蕾以及交响乐三个排练厅，能满足各类演出需求，总建筑面积达 7.3 万平方米，最大长度约 120 米，建筑总高度 43 米。

建筑造型力图体现歌剧院建筑的开放、浪漫和雍容华贵，该建筑由一个舒展的弯月状形体、围绕着由 5 个花瓣形墙体组成歌剧院主体。其中"大砾石"是 1800 座的大剧场和录音棚、艺术展览厅等，打造成一个富有节奏感、独具个性的艺术厅堂；"小砾石"则是 400 座的多功能剧场等，舞台、布景及观众座位均可根据演出需要自由改造场地。同时，剧院拥有完备的附属设施，包括票务中心、大型停车库、餐厅等。

广州歌剧院外墙虽然由石材和玻璃镶嵌而成，但大厅是钢骨玻璃面，为了调和建筑过于硬朗

图 6-27 广州大剧院夜景 作者摄

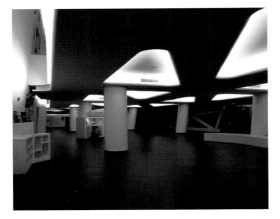

上：图6-28（左）　广州大剧院内部空间　作者摄
　　图6-29（右）　广州大剧院大剧场内部　作者摄
下：图6-30　广州大剧院内部　作者摄

的线条，设计师在歌剧院两侧还专门设计了两潭三角形的湖水。刚与柔，力与美，在这里得到了完美融合。

　　建筑的钻石形屋面天窗有利于将室内灯光折射向夜空，同时照明设计着重于对整体造型的烘托。夜晚大厅内的灯光透过透明玻璃和金色格栅，把歌剧院高雅而热烈的气氛传达给夜晚的羊城，与珠江夜景相互映衬，浪漫且富于诗意（图6-28至图6-30）。

　　建筑及其广场由外缘向中心的连续变化，配合地面微妙的起伏，柔化了城市界面，实现了与自然景观的轻柔接触，在纵横轴的交汇处，歌剧院与博物馆通过一片水平舒展的体量，形成广州新中轴线上城市界面的收放效果。通过完整连续的体量与立面肌理处理，整个花城广场清晰地表达出个体建筑与城市之间的内在逻辑，城市整体空间得以完善，建筑也巧妙地融于城市之中。

6.2.3　上海东方明珠塔

　　东方明珠广播电视塔位于上海市浦东新区，与外滩"万国建筑博览群"隔江相望，由当时华东建筑设计研究院设计，1994年落成，总高468米。东方明珠塔集观光餐饮、购物娱乐、浦江游览、会务会展、历史陈列、旅行代理等服务功能于一身，成为上海标志性建筑和旅游热点之一。

电视塔选用东方民族喜爱的圆体作为基本建筑线条，设计富有唐代诗人白居易诗中"大珠小珠落玉盘"的优美含意。其主体由 3 个斜筒体、3 个直筒体和 11 个球体组成，形成巨大的空间框架结构，具有鲜明的后现代海派建筑特色，是现代科技与东方文化艺术和谐统一的杰出作品。

电视塔由 3 个相距 7 米呈品字形排列的圆筒体和 3 个与地面成 60 度角，直径 7 米的斜撑构成主体，中间贯穿了 11 个大小不等的球体。圆筒体直径达 9 米，由钢筋混凝土筑成，11 个球体为球形钢架结构，并采用新型铝蜂窝金属幕墙板贴面围护。

电视塔主体结构高 350 米，主要分下、中、上和太空舱 4 个部分。塔内底层为大堂，下球体直径达到 50 米，主要为观光平台；中球体总计五个，直径为 12 米，内部主要为空中客房；上球体内主要安装了广播电视发射机房。著名的东方明珠旋转餐厅在 267 米处，可容纳 1600 人，在上球体内，有一个环形玻璃观光通道，称之为"悬空观光廊"，整个通道采用钢结构，为玻璃地面和墙体，透过地面和外墙可以俯视整个黄浦江和陆家嘴地区；最上面直径为 16 米的球体为太空舱，设置有高级观光层、会议厅和咖啡馆。塔内还设有上海历史博物馆，主要展现自上海开埠以来城市风情和发展的概况。另外，塔的灯光在电脑控制下，可以有 1000 多种变化，是上海黄浦江畔上名副其实的一颗夜明珠（图 6-31、图 6-32）。

东方明珠自落成以后便成为上海天际线的重要组成部分，是上海的地标性建筑，同时也是我国后现代主义建筑的成功作品之一，充分体现了东方传统文化与现代科技的巧妙结合。

右：图 6-31　上海东方明珠电视塔
左：图 6-32　上海东方明珠电视塔　作者摄

[1] 刘古岷 . 现当代建筑艺术赏析 [M]. 南京：东南大学出版社，2011.

[2] 克拉克，波斯 . 世界建筑大师名作图析 [M]. 汤纪敏，包志禹，译 . 北京：
中国建筑工业出版社，2008.

[3] 聂洪达，赵淑红 . 建筑艺术赏析 [M] 武汉：华中科技大学出版社，2010.

[4] 尼古拉斯·佩夫斯纳 . 现代设计的先驱者：从威廉·莫里斯到罗皮乌斯 [M]. 王申祜，王晓京，译 .
北京：中国建筑工业出版社，2004.

[5] 刘松茯 . 外国建筑史图说 [M]. 北京：中国建筑工业出版社，2008.

[6] 阿尔多·罗西 . 国外城市规划与设计理论译丛——城市建筑学 [M]. 黄士钧，译 . 北京：
中国建筑工业出版社，2006.

[7] 潘古西 . 中国建筑史 [M] 北京：中国建筑工业出版社，2004.

[8] 陈志华 . 外国建筑史 [M]. 北京：中国建筑工业出版社，2004.

[9] 罗小未 . 外国近现代建筑史 [M]. 北京：中国建筑工业出版社，2004.

[10] 万书元 . 当代西方建筑美学 [M] 南京：东南大学出版社，2001.

[11] 萧默 . 中国建筑艺术史 [M] 北京：文物出版社，1999.

[12] 楼庆西 . 中国传统建筑装饰 [M]. 北京：中国建筑工业出版社，1999.

[13] 罗哲文 . 中国古代建筑 [M] 上海：上海古籍出版社，2001.

[14] 陈志华 . 西方建筑名作（古代 -19 世纪）[M] 郑州：河南科学技术出版社，2000.

[15] 尹国均 . 图解西方建筑史 [M] 武汉：华中科技大学出版社，2010.

[16] 宇文鸿吟，何崴 . 西方古建筑之旅 [M]. 北京：当代世界出版社，2009.

[17] 沃特金 . 西方建筑史 [M]. 傅景川，等，译 . 长春：吉林人民出版社，2004.

[18] 斯特里克兰 . 拱的艺术：西方建筑简史 [M]. 王毅，译 . 上海：上海人民美术出版社，2005.

[19] 高祥生 . 西方古典建筑样式 [M]. 南京：江苏科学技术出版社，2003.

[20] 邓庆坦，等 . 图解西方近现代建筑史 [M]. 武汉：华中科技大学出版社，2009.

[21] 翁杰明 . 社会历史博物馆 [M]. 河南：大象出版社，1995.

[22] 张育英 . 布达拉宫建筑的魅力 [J]. 华夏文化，2000(1):43-44.

[23] 戴念慈 . 阙里宾舍的设计介绍 [J]. 建筑学报，1986(1):2-7.

[24] 孙军华 . 古罗马凯旋门艺术及影响 [J]. 中国建筑装饰装修，2010(9):188-189.

[25] 许政 . 法国近代建筑的民族性与现代性启示 [J]. 北京建筑工程学院学报 ,2012 (28):22-26.

[26] 汤国 . 华岭南近代建筑的杰作——广州爱群大厦 [J]. 华中建筑 ,2001(19):96-99.